溯源心理学

梵基○著

新 华 出 版 社

图书在版编目（CIP）数据

溯源心理学 / 梵基著 .
-- 北京：新华出版社，2021.4
ISBN 978-7-5166-5748-5

Ⅰ . ①溯… Ⅱ . ①梵… Ⅲ . ①心理学—关系—中医学—心身—医学—研究
Ⅳ . ① B84 ② R277.7

中国版本图书馆 CIP 数据核字 (2021) 第 057358 号

溯源心理学
作者：梵基

责任编辑：徐文贤	封面装帧：北京安帛图文

出版发行：新华出版社
地　　址：北京石景山区京原路 8 号　　邮编：100040
网　　址：http://www.xinhuapub.com
经　　销：新华书店、新华出版社天猫旗舰店、京东旗舰店及各大网点
购书热线：010-63077122　　中国新闻书店购书热线：010-63072012
照　　排：唐山楠萍印务有限公司
印　　刷：唐山楠萍印务有限公司

成品尺寸：155mm×220mm
印　　张：18　　　　　　字数：208 千字
版　　次：2021 年 8 月第一版　　印次：2021 年 8 月第一次印刷
书　　号：ISBN 978-7-5166-5748-5
定　　价：78.00 元

平常心

谨以此书献给我的女儿、先生、您，和我

舵航 為导 学海 科心

张伯源题 丙申年 冬月初八

学生陈心惠存

前言

　　我自小生活在中国的十三朝古都——西安，大约是孩童时期，由于一些神奇的因缘，我周围经常能接触到很多自然科学家、哲学家，甚至奇人异事。我幼小的心里总是充满了对自己、对周围人，对更微观和宏观事物的遐想。

　　后来我上了军医大学，毕业后分配至深圳做了一名外科医生，那时的深圳是一个年轻的城市，生活节奏非常快，全国各地南下来深圳打拼的年轻人工资不高，工作压力大，租着昂贵的房子，习惯性晚睡，不可避免地加班，远离亲人，一个个孤单的背影……很多现代人的崩溃是默不作声的，尤其是我从事外科工作，经常感受到生命的脆弱和无常。

　　很多人都体会到现代社会人心浮躁，人们由于种种压力和原因导致身心失调、情绪焦躁。"清空杯子、沏入新茶"是我国传统文化中的人生智慧和哲理，也许是儿时的经历，也许是外科医生的经历和对生命的观察和体悟；也许是那沉寂千年的长安古都的温厚气质，锤炼出我平和从容安稳的气质。

　　在中国传统文化长久熏陶与对生命本质的常年关照中，我感受到东西方医学和文化，在对人类身心问题上既有差异又有异曲同工、殊途同归的可能。我以自己独特的生命体悟、西医学的基础和临床实践，以及心理咨询技术的实践应用，著成此书以期对与本书有缘之人有所助益。

序 言 1

心理学是一个年轻的学科，从诞生至今还不足 200 年。19 世纪中叶，实验方法被引入对心理现象的研究，心理学得以从哲学中分化出来，成为一门独立的实证科学。1879 年，德国人冯特在莱比锡大学成立了世界上第一个心理学实验室，这被视为心理学诞生的标志。

心理学又是一个十分古老的课题，心理学一词，英语为"Psychology"，源于古希腊语，意为"灵魂科学"。中国古人对心理的认识，最早可以追溯到轩辕黄帝时期的祝由术。"祝"者咒也，"由"者病的缘由也，祝由术，简单来说就是诅咒生病缘由的一种方法，用现代心理学知识来解读，即通过心理暗示的方法来帮助病者恢复健康。

"蜂蝶纷纷过墙去，却疑春色在邻家。"这是中国心理学发展道路的真实写照。从紧跟西方心理学界亦步亦趋，到投入苏联心理学界的怀抱，再到重回西方心理学的跟随之列，中国心理学获得了蓬勃发展，但却没有自己的独立人格。让中国心理学实现本土化发展，一直是中国心理学界的头等大事和努力方向。

实际上，中国从不缺乏从古代遗留下来的心理学思想，如何从传统文化中挖掘心理学资源，如何实现心理学的本土化发展，如何让本土心理学在心理咨询一线绽放光彩、发挥作用，是我一直非常挂心的事情。

今天，随着社会的快速发展，国人的压力越来越大，越来越多的国人面临心理健康风险。我们非常需要本土化的心理学，需要本土化的心理咨询师，需要本土化的更适合中国人思维和文化背景的心理咨询技术。

溯源心理咨询的探索就是心理咨询技术本土化的一种大胆尝试和有益创新，它旨在通过"溯源"，将来访者视野打开，帮助他们如实地观察事物，从而进一步解开内心深处由烦恼所造成的思想缠缚，将自己从评论、推测、比较、抱怨的负性思维方式中解救出来，通过主动地调节身体、稳定情绪、提升心智，如实地观察事物而找回内心的和平与宁静。

临床心理学博士陈心在心理咨询领域深耕多年，有非常丰富的一线咨询经验，她创立的溯源心理学可以说是厚积薄发的必然结果，对于她在心理学领域所取得的成绩，我相信很多人是有目共睹的。

和任何一种心理咨询技术一样，溯源心理学不应该只停留在理论研究领域，而是要走进心理咨询室、走进社会、走进生活、走进社区，走到每一个需要心理疏导的人身边去，只有这样，溯源心理学才能更好地服务于大众的心理健康事业，才能更好地服务于社会最基层，促进更多人的心理成长和整个社会的和谐。

本书内容丰富、干货十足、实操性强，对心理咨询技术的本土化十分有意义，我很高兴为本书作序。希望大家也和我一样喜欢此书。

北京大学心理学教授 张伯源

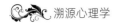

序言 2

　　我有幸与陈心博士走近，并为她的出版著作写序，虽为偶然，也是缘分，陈博士是张伯源先生的弟子，张先生1955年考入北京大学哲学系心理专业（早我两年），毕业后留校任教，专攻变态心理学与临床心理学，在1986年，出版了我国第一部《变态心理学》，长期作为本科生教材，很受欢迎，影响极广。后来我与张先生合作多年，也是出于共同的志趣——力图推动我国临床心理学和心理咨询事业的发展。陈博士的毕业论文《溯源心理咨询》恰是相关内容，答辩时请我参与，于是陈博士便一直尊我为老师。

　　当前，我们祖国已现崛起之势，进入一个伟大的新时代，从站起来、富起来到强起来，我们的人民，也从政治人、经济人到心理人。改革开放几十年，人民逐渐从物质（温饱）的束缚中解放出来。经济发展后，更大的收获是人的解放和人性的觉醒。而今，人们更多追求的是精神层面的满足和发展，对于人是什么？活着的意义和价值，如何实现自我的价值，责任和义务，幸福和自由，公平和正义，友谊、爱情和家庭等，这类人生的终极问题，急需了解和厘清，它们已经明晃晃无法回避地摆到我们面前，这方面的任何偏差和不足，都可能导致不良后果，我们的社会、理论工作者、心理咨询（服务）人员，都应该首先明晰此类问题的正确答案，从而引领群众，走进新时代、新生活，只有认知上的坚定和统一，才能取得行动上的和谐和统一。

陈博士敏锐地觉察到这些形势上的变化和社会需求，及时由一名部队的外科医生，转身成为一名合格的心理咨询师，并取得了博士毕业的成果，可喜可贺！

我知道此前没有有关"溯源心理咨询"的相关宣传和相关作品问世，只有陈博士在倾尽全力研究、推广和实施，实践证明效果非常好。心理咨询的忌讳之一是不为熟人工作，熟人之间的亲密关系和角色会严重干扰和影响咨询效果，而此咨询在亲密关系中依旧非常有效，陈博士身体力行，用实践证明其可行、有效！一般认为心理咨询高收费，效果更佳，因为咨询师和来访者在高收费的条件下，都会更认真，然而通过有关心理咨询理论模式、方法之间有效性的比较研究表明，不同方法之间，其有效性并没有较大差异，只要使用者能够深刻理解和使用，都会取得较好效果，与收费高低并无正比例关系。事实上，每位心理咨询师运用的方法都是个人化的，都不会原样复制成型的方法，总会结合咨询师个人的人性、修为、成长经历，受到的教育和训练等个人资源，组成个人独特的咨询模式。

心理咨询的过程本身就是一个学习和改变的过程，心理咨询也是一门充满内心挣扎的艺术，心理咨询师可使用多种方法，利用多种影响因素，但最有效最有力的因素是咨询师本人的人格力量！好人才能够使人变好、向善；人品不端，无论使用什么方法，都有可能误导来访者。我知道陈博士将祖传的优质铜佛像和 16 尊彩瓷大型罗汉座像无偿捐献给了西安市的寺院，她无私的情怀和博大的胸襟是她研究"溯源心理咨询"的内在驱动力。

本书的出版面世，将会推动我国心理咨询事业的本土化发展。

我们的心理咨询工作起步较晚，但通过三十多年的努力，我们已经走过了引进和拿来介绍的发展阶段，目前我国心理咨询事业的发展已进入一个新阶段，已经走进适合我国人民文化习俗和价值观念的新阶段，这是我国崛起的又一重要标志，是我国文化意识领域的重要成果。溯源心理咨询的研究、发展和普及，无疑是这股大潮中的一朵奇葩，有幸接触溯源心理学的人有福了！

陈博士的愿望是，普及溯源心理学，让人人都能够做自己的心理疗愈师。

祝贺陈博士的成功！

祝贺我国心理咨询事业的发展！

祝愿我国人民心理健康！

北京师范大学心理系教授　张吉连

目录

第一章

溯源心理学的提出

第一节　　中华文化追根溯源

人的心理世界是一个看不到、摸不着的玄妙世界，我们在认识人的心理世界时，往往会陷入狭隘的经验主义，即认为人的心理问题是随着人类社会发展而"突然"冒出来的，或者"心理"是西方舶来品，不少人认为在西方心理学理论传入中国以前，中国是没有关于人的心理认识或研究的。

中华文化源远流长，心理问题古已有之，实际上中国古人早就发现了"心理"的玄妙，并对此进行了比较系统的研究。

中国古人对心理的认识，最早可以追溯到轩辕黄帝时期的祝由术。"祝"者咒也，"由"者病的缘由也，祝由术，简单来说就是诅咒生病缘由的一种方法，用现代心理学知识来解读，即通过心理暗示的方法来帮助病者恢复健康。祝由术主要是以患者固执己见的那部分心理内容为突破口，对其施加积极的心理暗示，顺其意、顺其情而导之，使患者在一定层次上实现"物我同一"，使发生在现实世界中的事物"合理化"，从而解决患者的心理冲突。

在人类早期社会，还没有形成系统的医学理论，面对疾病这一人类生存大敌，人们主要是通过带有巫术色彩的祭祀等方法来应对。早在轩辕黄帝时期，祝由术就已经形成了相对完整的体系，即包括中草药在内的、借符咒禁禳来面对疾病的一种方法，当时只有文化层次较高的人才能施行祝由之术。

伴随着历史的不断发展，中国古人对"心理"的认识也在不断加深。

西方著名心理学家、人格分析心理学理论创始人荣格曾说："《易经》中包含着中国文化的精神与心灵，几千年中国伟大智者的共同倾注，历久而弥新，依然对理解它的人，展现着无穷的意义和无限的启迪。"自荣格以来，几乎所有的分析心理学家，都对《易经》情有独钟。

在中国传统文化中，《易经》素有"众经之首"和"大道之源"的称誉。这部成书于西周时期的辩证法哲学书，从整体的角度去认识和把握世界，把人与自然看作是一个互相感应的有机整体。人与自然的关系达到"天人合一"的境界，自然人体康健，反之人体则会出现各种各样的"象"。

在《周易》的八八六十四卦中，针对每一位问卦者的背景不同，每一种卦象都有多种解释，实际上以《周易》为基础形成的占卜、《周公解梦》等，都是运用了心理暗示来引导人的认知和行为。

中国道家也有不少关于"心理"方面的认知，道家认为心念即生，必然影响身体。心里舒畅，神清气爽，遇事便达观宽厚，则有助气血调和，气血调和，便五脏得安，功能正常，身体康健，而此又反之影响心态。良性循环，自然满面光华，一团和气，双目炯炯，神采飞扬，反之，若总是工于心计，或郁郁不舒，自然凡事另眼而观，无法如常人言笑，长久如此，气不舒，血不畅，五脏不调，六神无主，脸色上蜡黄、暗淡无光，双目无神，半死不活……

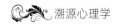

佛教《无常经》中也说："世事无相，相由心生，可见之物，实为非物，可感之事，实为非事。"即一个人看到的事物或者对事物的理解、解释、观感，都是由其内心决定的。

中国古人对"心理"的认知，虽然不像今天的心理学已形成了一门专门的学科，但这些认知足以说明一点：人们对心理学知识的运用，远远要比现代心理学的诞生要早得多。

第二节　　溯源传统中医心理学

"杯弓蛇影"这一成语，相信我们都不陌生，该成语出自汉代应劭的《风俗通义·世间多有见怪》一书，"予之祖父郴为汲令，以夏至日请见主簿杜宣，赐酒。时北壁上有悬赤弩，照于杯中，其形如蛇。宣畏恶之，然不敢不饮，其日便得腹腹痛切，妨损饮食，大用羸露，攻治万端，不为愈。"实际上，主簿杜宣喝下的酒中并没有小蛇，但他却因疑虑而生病，感受到腹痛，饮食也受到影响，多方诊治都不能病愈，后来得知此前赴宴时杯中的蛇只是墙上赤弩的倒影，便不药自愈。

中国古代的中医在面对许多"疑难杂症"，其实也就是如今划归心理类的疾病时，药物往往难以见到效果，他们便积累下了许多行之有效的心理调适方法，从而形成了一门融中医学和心理学为一体的中医心理学。

在《名医类案》一书中，就记载了一个与杯弓蛇影非常相似的病例，一人饮水时误饮入了不少小红虫，感觉"心中如有蛆物"，医者的治疗方式非常有意思，并没有真正开药，而是将一些红线"剪断如蛆状，用巴豆二粒，用饭捣烂入红线丸十数丸，令病人暗室内服之"，待病人如厕看到已把那些"红色蛆物"排出体外，其病自愈。实际上，这就是一个非常典型的心理问题，医者帮助病人建立起肚里没虫的认知，身体上的症状自然也就消失不见。

今天心理学界用"厌恶"来矫正人的行为，实际上这种做法在中国古代早就出现了，《世医得效方》中还有专门的记载。对于酗酒成瘾者，医者会让家属把病人手脚捆绑起来，在旁边放置一坛打开的美酒，"其酒气冲入口中，病者急欲就饮，坚不与之"，一会儿，病人吐出瘀血，瘀血散发着浓浓血腥气与恶臭味，令人十分恶心，医者让家属把瘀血放入酒中烧煮，从此病人"虽滴酒不能饮也"。

人的心情、心念主导着人的身心，它是生命支配者、是中枢的中心，身体的其他器官受它支配并相互影响着，内在的心理状态会通过外在的器官表现出来，并通过时间的累计影响、改变着外在形态。成书于2000多年前的《黄帝内经》中，就有许多关于心因致病、心理咨询的理论和方法的论述。

《黄帝内经》精辟地论述了人的心理过程和个性心理特征。其中，心理过程包含人的认知、情感和意志活动过程；个性心理特征则包括人的能力、气质、兴趣和积极性等。

《黄帝内经》对心理活动过程作了精辟论述，《灵枢·本神》曰："故生之来谓之精，两精相搏谓之神，随神往来谓之魂，并

精而出入者谓之魄，所以任物者谓之心，心有所忆谓之意，意之所存谓之志，因志而存变谓之思，因思而远慕谓之虑，因虑而处物谓之智。"系统地阐述了人的精、神、魂、魄、心、意、志、思、虑、智等精神活动的由来，与心理学中的认知活动有异曲同工之妙。《素问·阴阳应象大论》曰："人有五藏化五气，以生喜怒悲忧恐。"喜、怒、悲、忧、恐等五志是对情感的具体描述。

个性心理特征，即人的气质、性格，是中医学体质学说的重要范畴，个性是稳定于个体身上且具有一定倾向性的各种心理品质的总和，它较集中地反映了人的心理面貌的独特性和个别性。如《灵枢·通天》和《灵枢·阴阳二十五人》等论述了个体之间的差异和特征，这些差异往往决定了个体对情志的易感性及其所产生的病变类型的倾向性。《灵枢·通天》按阴阳五态人的人格类型，把人群划分为五种不同类型；《灵枢·阴阳二十五人》是把人按五行分类，再分为五个亚型，根据人的气质性格总共分为二十五种类型。此外，《灵枢·论勇》根据人体脏气有强弱之分，禀性有勇怯之异，再结合生理特征，把体质分为两类。

《黄帝内经》论述了人的心理活动和五脏的生理活动密切相关，心理活动是五脏正常生理活动的产物，五脏的生理活动是心理活动的物质基础，也是其所藏之精气活动的体现。脏腑病变可导致情绪改变，情志失调也可产生疾病，两者相互影响，相互反映，该理论为后世医者诊断、处理心理疾病提供了理论依据。

第三节　　东方文化中的身心溯源

"心理"一词，是西方的舶来品，伴随着近代心理学的蓬勃发展，又出现了一个崭新的边缘学科——心身医学。心身医学，是医学、心理学、社会学等多学科交叉的边缘学科，是研究心身相互关系的科学，具体来说是研究心（心理）与身（躯体、器官）之间的相互关系及其在疾病发生、发展和转归中的作用，其主要研究领域是心身疾病。

关于人体心身之间关系的探索，并不是从近代心身医学的出现才开始的，古老的东方文化中早就已经有了"形神论"。

早在先秦时期，中国思想家就提出了形神关系这一问题。春秋战国时期，心与身的关系问题受到诸子百家的关注，大名鼎鼎的荀子在《荀子·天论》中提出了"形具而神生"，认为人的身躯是自然界的产物，人的心理是由躯体所派生出来的，只有身体具备了，心理才会产生，也就是说"形"是第一性的，"神"是第二性的，有了一定的形体，才会有一定的心理机能。

对人体心身关系的探索，一直伴随着东方文化的发展而不断发展，到了东汉时期，桓谭在《新论》一书中提出："精神居形体，犹火之然（燃）烛矣"。王充继承并发展了桓谭的学说，在《论衡·论死》一书中提出："天下无独燃之火，世间安得有无体独知之精？"桓、王二人以烛与火的关系来比喻形与神之间的关系，非常形象地说明了心理不能离开躯体而独存的道理。

在王充看来，精神或者说心理，是血脉所产生的，"人死血脉竭，竭而精气灭"，人死亡后，精神或心理也就不复存在了。

魏晋之际的哲学家杨泉也曾提出非常相似的论断,认为"人死之后,无遗魂矣"。桓、王二人的看法确实在一定程度上揭示了人体心与身之间的关系,但却有一个致命的缺点,即陷入了非此即彼的唯物二元论。也正是因为如此,桓、王二人的形神说,被唯心论者所利用,如东晋慧远就以火可以传薪为由来宣扬神不灭论。

到了南北朝时期,思想家范缜继承了荀子的传统,在《神灭论》一书中提出了"形质神用"的观点,肯定"形存则神存,形谢则神灭",并确立了完善的唯物一元论的心身关系理论。他还提出人的心理"有方"(有空间位置)的看法,使形神论的心理学意义更为明确。

在中国古代,不少古代唯物主义形神论思想家认为心理是由心脏(五脏)产生的,但关于"形神"关系的大讨论,催生了多种多样的学说,也让人们距离真相越来越近,并逐渐认识到心理与人脑是相互依存关系。

成书于秦汉之际的中国最早的一部医学典籍《黄帝内经》,就已初步觉察到脑对人的病理、心理变化的作用。明代医药学家李时珍在此基础上,更明确地作出了"脑为元神之府"的论断。

此后,清初回族学者刘智在《天方性理》一书中,肯定人脑有统摄各种感知和脏腑器官的功能,还提出了人脑功能定位的猜想,嗣后王清任在《医林改错》一书中提出了"脑髓说",进一步作出了"灵机记性不在心在脑"的科学论断,纠正了长达千余年的"灵机发于心"的错误观点。

中国古代关于形神的论述,还涉及两者相互影响相互作用的问题。《黄帝内经》中大量记载了躯体疾病对心理活动的影响,如"心伤则神去，神去则死矣"。王充在《论衡》中结合日常生活实际提出："五脏不伤则人智慧，五脏有病，则人荒忽，荒忽则痴愚矣。"在《订鬼》中提出"人病则忧惧，忧惧见鬼出"的躯体病理状态与病理心理的关系。西汉《淮南子》一书中"耳目非去之也，然而不应者何也，神去共守也"说明了心理活动对感官的反作用。这些日常生活经验的总结说明：心理活动对躯体活动有影响，这些躯体活动反过来又影响到心理活动。

总的来说，心身关系是东方文化中一个非常古老的哲学问题，中国古代早就已经形成了关于心身关系的"形神论"，尽管这是一个哲学问题，但却包含着深刻的心理学思想，同时也对中国古代的文学艺术以及审美等产生了非常广泛的影响。

《淮南子·说山训》云："画西施之面，美而不可说，规孟贲之目，大而不可畏，君形者亡焉。"意思是说，画美女西施的面容，形状好看而不能令人赏心悦目，画勇猛武将孟贲的眼睛，画得挺大而不能望而生畏，是因为形象的主宰——神态、精神没有表现出来的缘故。这里所说的"君形者"，指的就是"神"。

在古代文艺批评中，"形似"的概念首先运用在绘画批评中，东晋以前的画论，以"形似"为高，至顾恺之始进而将"传神"作为绘画的最高标准，"形似"转成第二义。

魏晋南北朝的绘画、书法艺术均视"形"为外相，"神"为内涵。刘勰将"形"与"神"引入文论，《文心雕龙·夸饰》云："神道难摹，精言不能追其极；形器易写，壮辞可得喻其真。"意谓创作之难在于传神，而形貌的描写则可通过夸饰来实现。

"形神兼备""有形无神""富有神韵"……在传统书画鉴赏、

文章品鉴当中，与"形神"有关的形容词非常多，归纳中国古代文学批评史上关于形神问题的观点，主要有三点：重神、重形、形神并重。总的来说，形神兼备是中国古典美学理论一贯重视的艺术传统，由此也不难看出，形神论对中国传统文化乃至整个东方文化的深远影响。

第四节　中国传统医学中的"情志病"

中医将"喜、怒、忧、思、悲、恐、惊"称为"七情"。"七情"太过或不及，均可致病，由此导致的疾病被称为"情志病"。实际上，中国传统医学中所说的"情志病"，本质上就是我们今天常说的心理问题。

《素问·阴阳应象大论》曰："怒伤肝、喜伤心、思伤脾、忧伤肺、恐伤肾。"《丹溪心法》曰："气血冲和、万病不生、一有怫郁、诸病生焉"；故人身诸病、多生于郁，七情活动是否正常，对疾病的发生、发展及转归，有着重要的影响。因"外邪入侵"→伤及脏腑经络→致感染及躯体症状，亦可致各种精神异常。"外邪"谓"六淫"分"风、寒、暑、湿、燥、火"。"七情"为内因，"六淫"为外因，内因、外因互为因果。

情志失调，一定会对五脏造成损伤，中医里叫做"怒伤肝，喜伤心，思伤脾，忧伤肺，恐伤肾"。意思是说，大怒可以伤肝，大喜容易伤心，思虑过重容易伤脾，忧伤过度容易伤肺，惊恐则会伤及肾脏。所以，中国古人都非常注重"修身养性"，崇尚"不以物喜、不以己悲"的修养境界，并有意识地去节制自己的情绪，不让它随意地泛滥。

纵观中国几千年的历史，中医、中药、针灸、推拿对"情志病"的处理有相当完整的学术体系，古人有很多思想及疗效显著的方法流传至今；比如阴阳整体论、水火五行论、心主神明论、脏象五志论、七情致病论等，如语言开导法、导引法等。

《黄帝内经》指出人们若能保持愉悦安静、虚怀若谷的精神面貌，怡悦心志、开怀静养的精神调摄是康复的关键。"恬淡虚无、真气从之，精神内守，病安何来"是七情调摄、祛病增寿的关键点。

俗话说，心病还需"心药"医。古今医者和养生家都非常重视对"喜、怒、忧、思、悲、恐、惊"七情的调摄，以使人的"七情"处于一个平衡状态，从而保持人体康健。

"喜胜悲"，高兴能够战胜悲伤。中国传统医学认为喜是火，悲是金，火可以把金属熔化开，火又是散，悲又是气结、凝聚，因此悲要用散法。

"悲胜怒"，就是用悲伤来战胜大怒。肝主怒，大怒则肝火不能收敛，因此用肺金收敛的方法来降肝火。在人大怒的情况下，告诉他一个很坏的消息，让他突然悲伤，这样就能把他的怒火熄灭。

"恐胜喜"，即恐惧可以战胜过喜的心。范进中举的故事，相信大家都不陌生，范进考举人多次都没能考中，后来得知自己终于中举了，高兴得心神一下子就散掉了，发疯一样满大街跑，他平时最畏惧的屠夫岳父得知后，一个大嘴巴就把发疯的范进打

溯源心理学

醒了。找一个病人认为很恐惧的人，吓上一吓，就能让因陷入狂喜而神志不清的人很快清醒过来。

"怒胜思"，一个人思虑太过的话，激怒他就可以了，这是一个很好的办法。《华佗传》记载：有一个郡守因思虑过度，身体里都有了瘀血。华佗收了这个郡守很多礼物，但不给他治病，还写了一封信来骂他，说他不仁不义，郡守气坏了，怒则气上，这样就把他胃中的瘀血一下子全壅上来了。他吐了几口血，病从此就痊愈了。

"思胜恐"，思虑可战胜恐惧。古代张子和就曾经医治过一个病人。有一家人，半夜十分突然闯入了一伙强盗抢东西，自此以后，女主人夜里听到一点轻微的响声都非常害怕，导致整夜整夜睡不着。张子和就在夜里用木棍敲她家的窗户，第一次她很害怕，然后再反复地敲，她会思考这是怎么回事，慢慢想清楚是医者在敲窗户，于是就不再恐惧了，觉睡得也安稳了。

通过对"喜、怒、忧、思、悲、恐、惊"七情的调摄来让人的心理达成平衡状态是中国传统医学的特色，在生活中运用灵活，并且出人意料，效果良好，现代心理咨询对此多有借鉴。

第五节　巴甫洛夫的"神经"说

进入 20 世纪后，伴随着生物学、现代医学的发展，人们开始使用实验的方式来研究人体身心的秘密。著名生理学家、心理学家巴普洛夫就是其中之一。

说到巴普洛夫，就不得不提到他的经典实验——狗进食摇铃实验。巴普洛夫发现，每当狗进食时都会分泌唾液，这是一种本能反应。狗进食摇铃实验的内容并不复杂，巴普洛夫每当狗进食时，都会摇铃，反复多次之后，在狗非进食时摇铃，狗也会像进食一样分泌大量唾液。据此，巴普洛夫提出了条件反射理论。

巴普洛夫把人的反射分为两种：无条件反射和条件反射。无条件反射，顾名思义，就是人与生俱来的本能反应，比如沙尘迎面吹来时人会眨眼，吃到梅子嘴巴就会生津等，引起这种本能反应的刺激物就叫无条件刺激物。条件反射，即在无条件反射的基础上人通过学习之后获得的，比如大家谈论到蛇时，见过蛇或被蛇咬过的人，就会像直接见到蛇一样恐惧，甚至会发抖、做出逃避动作等，引起这种条件反应的刺激物就叫条件刺激。

此外，巴普洛夫还把条件反射当中的条件刺激分为第一信号系统的刺激和第二信号系统的刺激。第一信号系统的刺激是指以客观实物为中介的，如望梅生津，看到眼前的梅子之后流了口水，流口水的反应是建立在梅子这个实物的基础上。而第二信号系统的刺激则强调是以语言为中介的，如谈虎色变，听到别人谈论老虎吓得脸色都变了。

在心理学领域，巴普洛夫的条件反射理论影响非常广泛，也以此为基础衍生出了诸如脱敏等心理技术。但巴普洛夫的条件反射理论并不是凭空假设而提出的，相反，它有着非常科学的生理学依据。

作为一个生理学家，巴普洛夫在研究心理学的同时，也在深入研究人脑与心理学之间的关系，他提出的高级神经活动学说就是明证。

20世纪初，巴甫洛夫由研究消化腺的"心理性分泌"中发现了条件反射的方法，从而开辟了研究脑的高级机能活动的新途径。在几十年的工作中，巴甫洛夫应用条件反射方法获得脑内基本神经活动过程的一系列规律，创立了高级神经活动学说。

所谓高级神经活动，实际上就是大脑皮层的活动，在巴普洛夫看来，人类的语言、思维和实践活动都是高级神经活动的表现。

巴普洛夫创造的高级神经活动学说认为，大脑皮层最基本的活动是信号活动。人的大脑皮层不仅具有第一信号系统的活动，即见到实物会发出相应条件反射的信号，而且也具有第二信号系统的活动，也就是说语言也可以让大脑发出相应条件反射的信号。巴普洛夫认为，语言是人脑第二信号系统活动强而有力的刺激物，它能够引起大脑高级神经活动的变化，从而引起人的生理活动的变化。也就是说，人的语言在一定条件下可以成为心理的致病因子，这正是心理咨询的生理学基础之一。

在巴甫洛夫看来，高级神经活动的基本过程有两个：兴奋，即神经活动由静息状态或较弱的状态转为活动或较强的状态；抑制，即神经活动由活动的状态或较强的状态转为静息的状态或较弱的状态。

根据高级神经活动的这两个基本过程，和其强度、平衡性、灵活性三个基本特性，巴普洛夫把神经活动类型与个体适应环境的能力密切联系起来，从而划分出了四种神经活动类型，分别是：强、平衡而灵活的类型（多血质），强、平衡而不灵活的类型（粘液质），强而不平衡的类型（胆汁质），弱型（抑郁质）。时至今日，巴普洛夫的这种划分方法，依然是人格划分的一种常用方式。

总的来说，巴普洛夫的神经反射理论，给人类身心关系的探索，推开了一扇新的大门，提供了一个全新的角度，也开辟了一个新的学科——神经生理学。

第六节　西方心理界的"精神创伤"说

"精神创伤"的提出，与人们对战后士兵的观察有关。二战后，参加过战争的老兵，尽管早已经远离了战争、战场和血腥、杀戮等，但他们都出现了非常相似的状况：无法忘掉战争中的恐怖画面，噩梦、恐惧包围着他们，幸存者的内疚、对死亡战友的悲伤挥之不去，此外还有过度的惊吓反应。为了逃避这些糟糕的情况，不少老兵出现了酗酒成瘾、精神紊乱等状况。在二战后的美国，甚至很多军队精神病医院里住满了饱受这种痛苦折磨的老兵。

最初，人们用弹震症、战斗疲劳、神经精神病紊乱等来描述这种现象，一直到20世纪80年代出现"创伤后应激障碍（PTSD）"后，这种心理现象才有了统一和固定的名称。此外，人们将那些由生活中较为严重的伤害事件所引起的心理、情绪甚至生理的不

正常状态统称为"精神创伤"。

严重伤害事件导致的不正常状态，有些比较轻微，一般表现为情绪低落、郁郁寡欢、伤心落泪，生活动力下降，不愿和人交往，对生活缺乏兴趣等，这是一种很正常的心理反应，每个人都会遇到，生活中也十分常见，一般来说，有了亲人和朋友的安慰、支持，经过三个月左右的自我调整或自我疏解可以自动痊愈，导致这种轻微不正常状态的常见事件有亲人离世、失恋、考试失败等。

但也有一些精神创伤对人产生的影响是长期的，甚至是终身的。中度精神创伤可能表现为长时间的情绪低落、悲观厌世，社会性孤独自闭，或严重的睡眠障碍，焦虑紧张，恐惧胆小，甚至出现自杀倾向。严重的精神创伤除了中度精神创伤的相关症状外，还伴有其他的典型症状，比如相关记忆或画面不断重现在梦中，甚至清醒状态时也不断地在脑海中重现，经常处于惊恐和痛苦之中，就像创伤事件一直在反复不停地真实发生，此外生活中的场景也会频繁唤醒创伤体验，久而久之会使人处在精神崩溃的边缘。如果是在童年时遭遇精神创伤，往往还会造成人格扭曲、心理变态等。

可能引起精神创伤的生活事件很多，大到地震、战争、车祸、被绑架或强奸等，小到人际矛盾冲突、上司的批评、伴侣的嘲笑等。

在判断精神创伤严重程度方面，人们往往容易陷入一种误区，即遭受的创伤事件越严重，其精神创伤的程度就越深。实际上，不同个体在面对创伤事件时的反应是不同的，对于一些内心坚强的人来说，即使是遭遇被绑架，他们往往也能很快恢复正常生活状态，但对于一些内心脆弱的"玻璃心"人士来说，哪怕是自己臆想出来的路人对自己"不屑一顾"的表情，都是心理不可承受之重。判断精神创伤严重程度，要以当事人的心理、情绪和生理的反应程度为依据。

那么，人为什么会产生精神创伤呢？有人认为，是心理韧性不够导致的；有研究者发现，大脑系统运作异常会导致创伤；也有人认为精神创伤是暴力和社会压迫的表现；还有人认为精神创伤源自恐惧对于心理的影响。

个体心理学派创始人阿德勒有一句至理名言："幸福的人一生都在被童年治愈，不幸的人一生都在治愈童年。"

在阿德勒看来，人的烦恼和痛苦都不是因为事情本身，而是因为我们加在这些事情上的观念，意义不是由环境决定的，而是我们以我们赋予环境的意义决定了我们自己。对于精神创伤来说，真正让人受到严重伤害的，往往并不是创伤事件本身，而是取决于人如何去看待创伤事件。

今天，"精神创伤"学说依然是影响非常广泛的理论，不管是在心理领域、医学领域还是教育领域，都是绝对不可忽视的存在。

第七节　　东方文化中的"四时作息"说

"上工治未病，不治已病。"真正高明的医生，善于防止疾病的发生，而不是处理已经发生的疾病。中国古代传统医学，很

早就有了"未病先防、既病防变"的思想，并形成了一整套养生办法和理念。

《道德经》中有云："人法地、地法天、天法道、道法自然。"自然就是保持心身健康最好的老师。《黄帝内经·四气调神大论》系统记录了东方文化中的"四时作息"养生法，即通过观察四季的生长收藏的变化，调御自己的心神，以符合自然运化的规律，从而顺应四时作息，保持一个心身健康的好状态。

"春三月，夜卧早起；夏三月，夜卧早起；秋三月，早卧早起；冬三月，早卧晚起"。

春三月和夏三月，之所以要夜卧早起，一方面是因为白天劳作的时间多，另一方面由春到夏，气温不断攀升，阳气渐进阴气渐退，早起劳作正好符合整个气机生长的规律。

在东方文化中，中国古人认为作则阳气振奋，息则阳气归藏。春夏是阳气发陈、条达、生长的时候，这时人也应使自身的阳气符合天道的运行，应该夜卧早起，倘若早晨不起睡懒觉则容易使人体的阳气闭藏，无法与天道的阴阳运行相合，则容易产生疾病。

俗话说"一年之计在于春，一天之计在于晨"。中医认为，春天是人的大周期的气机运行之时，此时登高望远、多活动，有利于人体气机的条达，一旦春天的生机不足，那么在接下来的春夏秋三季，人就没有充足的气机去运化阳气。

因此，春夏两季要夜卧早起，即早晨早早起来，晚上晚点睡。"日出而作，日落而息"，这里所说的早起，就是见天光而起，起床太早容易伤阳气，于健康也不利，晚睡就是太阳落山后休息。

秋三月早卧早起，到冬三月就早卧晚起，这又是为什么呢？

秋天阳气收敛，阴气渐盛，这时人要早点儿睡以避免被渐盛的阴气侵扰。之所以要早起，是因为秋天阳气在外、阴气在里，早晨阳气渐升，是人补充阳气的好时候。到了冬三月则要早卧晚起，冬天太阳落得早，所以就要睡得早，早晨太阳升起得晚，所以要起得晚，这是顺天时、应天道。

东方文化是非常典型的农耕文明，春种、夏长、秋收、冬藏，这不仅仅是农业种植的规律，也是中国古人"道法自然"而总结出来的合理作息规律。

除了一年四季的四时作息规律外，中国古人在婚丧嫁娶等大事上，也非常讲究"时辰"。一般来说，乔迁新居、举行婚礼等，都是在一天中的上午办，即便是今天很多地方的民俗中也是如此，这是因为中国古人认为中午 12 点之前阳气增长、阴气渐退，而到了中午 12 点之后，则阳气退、阴气生，在阳气增长的时候做事更符合天道规律。

人是大自然的产物，与自然融合在一起，遵循自然的规律而行动，于健康有益，反之则会对健康有损。尽管用今天的现代观点来看，中国古人的"四时作息"说似乎已经显得有些过时，脱离了土地进入第二产业和第三产业的大量人群早已经不再"日出而作、日落而息"，但实际上中国古人的"四时作息"确实对人的健康是有积极意义的。

精神压力、焦虑、失眠等问题的产生，往往与人的作息有很大关系，对于这些心理问题，效仿中国古人的"四时作息"不失为一个不错的调整方法。

第八节　回归本质，提出溯源心理学

"溯"是指逆着水流的方向走；"源"是指源头，意为往上游寻找发源的地方。这个"源头"，我们可以发挥无穷的想象力，它可以是思想烦恼的根源；也可以是内心本有的祥和之状态；还可以是我们生命的起源……

宋代朱熹曾言："革弊，须从源头理会。"意思是变革弊端，要从源头开始，他的诗句"为有源头活水来"说的也是这个道理，两者均体现了"源头"是"本"的唯物观点，唯有抓住"源头"、抓住根本，正本清源，才能使这泉活水"利万物"，进而从"源头"上厘清烦恼的成因。

绝大多数烦恼都是欲望的产物，很多自寻烦恼之人都是缺乏对欲望的反思。因此想要远离烦恼，首先必须要认识烦恼。实际上，很多心理问题的出现，往往是由于对生命不了解、对自身不了解、对自身所处的环境不了解，从而产生各种错误认知，错误的认知又会让人处于迷雾之中、陷入迷茫之中，看不清前方的路，也看不清自己在哪里，于是人便会本能地向外寻求依赖，结果焦虑、恐惧、迷茫、抑郁、灰心、缺乏安全感等心理问题也就滋生出来了。

"一切有为法，如梦幻泡影，如露亦如电，应作如是观。"焦虑、恐惧也好，迷茫、抑郁、没有安全感也罢，实际上所有因情绪而滋长出来的心理问题，都是表象。人们常说"治标治本"，消除心理问题最好的办法，并不是围绕表象打转，而是要寻找其表象的本源，只有解决了导致现象的本源，表象才会消失，本源不清，围着表象打转，即便有所成效，也只会陷入"此消彼长""野火烧不尽"的困境之中。

让一切表象都回归本质，看穿纷繁复杂的表象，一针见血地寻找问题的根源，并从治本的角度，彻底消除导致人心理问题的根源，这就是溯源心理学的基本理念。

以消除压力为例，最好的办法就是溯源并审视压力背后的真实想法。当一个人的情绪从愤怒、悲伤到绝望逐渐升级的时候，其内心必定存在一个与之相对应的特定想法，这种无法有效控制情绪的状况，会使人备受困扰，但是这种困扰带来的痛苦往往并不是某个事实造成的，而是源于内心中的那个特定想法或某个思想观念，它使人对事物的理解停留在过往的认识或固有的价值之下，并将个人的价值观当作判断事物的唯一标准。其实，任何事物都必定依于各种因缘条件而形成，明白这个道理我们就不会轻易透过于人，弄清它们的主次，就可以增加解决问题的能力。

溯源心理学，旨在通过"溯源"，将来访者视界打开，帮助他们如实地观察事物，从而进一步解开内心深处由烦恼所造成的思想缠缚，将自己从评论、推测、比较、抱怨的负性思维方式中解救出来，通过主动地调节身体、稳定情绪、提升心智，如实地观察事物而找回内心的和平与宁静。

自然是最好的老师，自然的智慧是溯源心理学的核心，人的问题都是无明迷惑造成的，通过本净澄明的观照，很多烦恼与心理问题都可以消弭。溯源心理学的最核心价值在于，把握来访者烦恼形成的特点与规律，及时断绝烦恼形成的源头，然后有针对性地进行引导、调整，从而帮助来访者远离烦恼，赢得生活的长久平静与幸福。

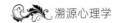

　　"人"本身具有潜在的觉悟本性，能够完成生命的自我拯救。"溯源心理"技术从生活到内心进行简化，通过综合的方法调节来访者的身体和情绪，进而使来访者提高对事物的认知，改变异常心理，避免不必要的干扰，从随波逐流到把握方向，从不能自主到当家作主，做自己情绪的主人，进而强化这种力量，完成生命的转依，从幸福的源头到达精神健康的和谐境界！

第二章

寻找内心的自我

第一节　　"我"是谁，"我"从哪里来

"我"是谁？"我"从哪里来？"我"到哪里去？这是哲学界非常经典的三个问题，关于哲学三问的最早提出者是谁，已无法考证，但有一点显而易见：从古至今，无数人都曾认真思考这三个问题，并给出了各自不同的答案。

法国画家保罗·高更于 1897 年在塔希提岛创作了一幅油画，画题是《我们从哪里来？我们是谁？我们到哪里去？》，浓郁的色彩，怪异粗犷而又原始的风格，婴儿、亚当与苹果、老人，高更用自己的画笔描绘出了自己"生而为人"的思考，"不加任何修改地画着，一个那样纯净的幻想，以致不完满地消失掉而生命升了上来，我的装饰性绘画我不用刻意理解的隐喻画着和梦着。在我的梦里和整个大自然结合着，立在我们的来源和将来的面前。在觉醒的时候，当我的作品已完成了，我对我说：我们从哪里来？我们是谁？我们往哪里去。"

如果说高更对古老哲学命题的回答充满艺术性，那么笛卡尔的答案则彰显着严谨与辩证的思想光辉。面对"我是谁"这一问题，笛卡尔一开始想象自己不存在，只有心灵，他做到了，但之后他假想自己没有心灵，却做不到。"正当我企图相信这一切都是虚假的同时，我发现：有些东西是必不可少的，这就是'那个正在思维的我'！由于'我思，故我在'这个事实超越了一切怀疑论者的怀疑，我将把它作为我所追求的哲学第一条原理。"

对于"我"本身的追问，中国哲学有着与西方哲学完全不同的思考逻辑。

"道可道，非常道。道生一，一生二，二生三，三生万物。"老子从自然逻辑上给出了自己的答案，"我的存在"为一，道生出"我的存在"，但道不可道，"我的存在"催生出与他者的关系，从而一生二，我与他者存在的连接催生了新联系，多重联系的构建，使人与人之间的一切事实变得可能而真实，于是万物产生。

《论语》中季路问事鬼神，子曰："未能事人，焉能事鬼？""敢问死？"曰："未知生，焉知死？"人何以来，孔子给出的答案是"事人"，不必纠结于鬼神，而是应当着眼于当下；人将何去，孔子给出的答案是"知生"，即应当专注于存在本身，追求对自身生活状态的沉浸和体验。在孔子看来，我是谁，我从哪里来，我到哪里去都是未知的或未可知的，既然不可知那么不如回避进而找到一个"自洽的答案"。

《金刚经》中也有关于"我"的思考，"如来者，无所从来，亦无所去，故名如来"。我就是我，我无所从来，亦无所去，无须迷茫于"来的困惑"，也无须迫切于"去的目的"，我只是"实时的、动态的、真正的"我自身。这种极致的自我观念，完全抛却了人的个体性的差别束缚和本体性的超越规定，从而赋予了"我本身"完全的自在感知。

……

一千个人眼中有一千个哈姆雷特，"我"是谁，"我"从哪里来，每个人都有自己的思索与答案。不管你的答案是什么，有一点是可以肯定的，即你对自我的认知决定了你成为一个什么样的人，

同时也决定了你的心理健康状态。

事实上，不少心理问题都与人的自我认知息息相关，比如，一个认为自己被众人讥讽的人，哪怕是陌生人的一个表情，也会被解读为对自己的"嘲讽""讥笑"，从而更容易导致人际冲突。

"我"是谁，"我"从哪里来。这两个问题，不仅是古老的哲学问题，也是溯源心理学的重要溯源媒介。如何认知自我，如何协调自我认知与所处环境的关系，是一门事关心理健康的学问，与我们每一个人都有着剪不断的密切联系，当心理呈现亚健康状态时，从"我"是谁，"我"从哪里来开始溯源，无疑是深入了解其心理问题根源的好方法。

第二节　　"我"在哪，"我"去往何处

"我"在哪，本质上是人对所处环境的认知，一个人对所处环境的潜在认知，会在无形当中影响其对事情的判断和感受。

认知行为理论认为：人的情绪来自人对所遭遇事情的信念、评价、解释或哲学观点等认知，而非来自事情本身。从这个角度来说，我们所处的环境并不会直接导致心理问题，导致我们出现心理问题的是我们对所处环境的认知。

两个行走在沙漠中无比口渴的人，同时得到了半杯水，乐观者开心地欢呼"终于有水了，这真是一个好的开始，我一定能找到更多水"，悲观者沮丧地叹气"为什么只有半杯水，茫茫沙漠，

这半杯水能有什么用"。同样的环境，不同人对环境的认知却千差万别，这种认知上的差异，让每一个个体都独一无二、绝无雷同。

"汝之砒霜，他人蜜糖"，这是一种非常正常的心理认知现象。事实上，今天我们所熟知的不少心理问题，都与人对环境的认知有着密切关系。

同样面对职场压力，有些人对所处压力环境的认知呈现积极倾向，因此能够更好地排解压力带来的负面情绪，保持心理健康状态，而有些人对所处压力环境的认知呈消极倾向，且不停对自己施加诸如"压力太大，我扛不住了"等消极心理暗示，于是整个人越发焦虑，从而导致心理亚健康状态。

认知行为理论认为，在认知、情绪和行为三者中，认知扮演着中介与协调的作用。认知对个人的行为进行解读，这种解读直接影响着个体是否最终采取行动。

艾利斯提出的 ABC 情绪理论框架对认知行为理论做了进一步阐释与解读，他认为：人们的思考、信念、自我告知和评估是理性的，则情绪是正常的；相反，如果人们的思考、信念、自我告知和评估是非理性的、扭曲的，则人们会逐渐发展出不正常的情绪、情感行为。简单来说就是，如果我们有正确的认知，我们的情绪和行为就是正常的，如果我们的认知是错误的，则我们的情绪和行为都可能是错误的。

我们无法改变世界，但我们可以调整自己的认知；我们难以改变环境，但我们可以改变自己对所处环境的看法。

"我"在哪？要回答这个问题，不妨试一试给出不一样的描述和答案，这将有助于我们更好地认知自己所处的环境，进而维持正常的情绪状态和心理状态。

　　"我"去往何处？从宏观方面来说，这是一个关于"死亡"的古老话题；但从微观方面来说，这实际上是一个关于个体"价值取向"的话题。

　　"价值取向"是个体行为的指路人：有的人渴望事业上的成功，于是兢兢业业工作，甚至牺牲掉娱乐和生活；有的人渴望温馨的家庭生活，于是花费大量时间、精力来打理家庭事务，甚至不惜放弃事业上的发展良机；有的人是"颜控"，谈恋爱先看"颜值"，于是他们在恋爱路上一直在追逐帅哥美女；有的人看重"经济条件"，谈恋爱先看钱包，于是他们在恋爱路上追逐的是经济富裕的男男女女……

　　你的价值取向，决定着你会去往哪里。大千世界，有无数种生活方式，最关键的问题是你如何选择。

　　错误的价值取向，常常会导致糟糕的结局，进而引发心理冲突。一个追求"杀人放火"等刺激感的人，注定是不被社会主流舆论所接受的，个人价值取向和行为与整个社会舆论的冲突，往往会导致其社交行为和社交心理的异常。

　　溯源心理学，旨在通过"我"在哪，"我"去往何处的深层溯源，穿透行为表象，找到真正导致行为异常的缘由，进而对其深入剖析、挖掘，从根源上解决导致我们心理亚健康状态的"因素"，还我们一个积极健康的心理状态。

第三节　　"我"眼中的世界与生活

"父母眼中的我""同事眼中的我""客户眼中的我"VS"我眼中的自己"，一批以此为主题的漫画、文案刷爆各个社交平台，在好玩有趣的同时也确实引发了不少网友的共鸣。这种脑洞大开的对比，用一种非常浅显的方式说明了一个心理学问题："我"眼中的世界与生活，与他人眼中的世界与生活并不相同，而是存在巨大差异。

这种差异为什么会存在？本质上，还是一个认知的问题。正如《象与骑象人：幸福的假设》一书中所说，"世界上的事情，只有通过自己对事情的解释才能影响到我们，只要我们能控制自己对事情的解释，我们就能控制自己的世界。"这本书把每个人的惯性和无意识思考行为比喻为大象，我们刻意的训练和理性思考为骑象人，两者相互配合影响着我们的思维方式和世界观、价值观。

关于"我"眼中的世界与生活这一话题，在中国文化中，有"所见即所思"的说法。苏东坡与佛印打坐参禅，苏东坡问佛印：我在你眼里像什么？佛印说：我看到一尊佛。你看到的是什么？苏东坡戏谑道：我看你是一坨屎。佛印沉默不语，继续静心打坐。苏东坡自觉占了便宜，开心地回家和苏小妹分享此事，苏小妹听后笑着说：参禅讲究见心见性，佛印心中有佛，看万物都是佛。你心中有屎，所以看别人也就都是一坨屎。

我们感知到的信息，往往都是我们想感知到的，我们不愿意感知的信息，常常会被我们的大脑"屏蔽掉"。在现实生活当中，这种现象很常见，比如我们对一个人的第一印象很差，那么在与

之相处的过程中，只会注意到对方的缺点、不足、讨厌之处，而很难看到对方的优点、长处和可取之处。

此外，感知具有"整体性"特征，这个特征让我们的大脑能够自动添加各种信息来补全那些残缺不全、不完整的信息，比如见到两个争吵的人就自动想象出一场爱恨情仇的连续剧，见到一个美女或帅哥就想象出了与其相识、恋爱、结婚、生子度过一生……很显然，这些大脑自动添加的信息都是不真实的，但在现实生活当中，很多细微的信息或琐碎的细节，我们自己很难判断究竟是大脑自动添加的，还是真实存在的，比如明明记得放在抽屉里的指甲剪却怎么都找不到，难道是自己记错了？事实上，这种困惑的根源就在于我们无法彻底分清哪些记忆里的信息是真实的，哪些是大脑自动补充的。

"我"眼中的世界与生活，不管你的答案和描述是什么，都有一个共同点，即我们眼中的世界与生活并不等同于事实上的世界与生活。

一个人的心理状态健康与否，我们可以通过溯源其眼中的世界与生活而找到蛛丝马迹。当一个人眼中的世界与生活，与真实的世界生活，不存在巨大偏差时，则其心理状态较为良好，反之，当一个人眼中的世界与生活，和真实世界生活存在巨大偏差或扭曲，那么其心理状态则十分堪忧。

以精神分裂为例，患者会出现被迫害妄想、幻听等症状，甚至会主动攻击试图靠近照顾他们的人，在他们看来，周围的人都不安好心，想伤害自己，所以必须要作出防卫来保护自己。很显然，精神分裂者眼中的世界与生活，与真实世界和真实情况相距甚远，甚至是南辕北辙，呈现出一种不正常的扭曲。

溯源心理学可以通过溯源来访者眼中的世界与生活，进而比对真实世界，找出扭曲或偏差的部分，也能够借助这些对比信息充分了解其心理问题的严重程度，最终给出可行性的改善方法。

第四节 　"我"的情绪世界

情绪是什么？关于这一概念，心理学家与哲学家们已经辩论了上百年，至今仍然没能达成一致。目前，比较主流的情绪定义不少于 20 种，尽管这些定义各不相同，但也有共同点，即都认为情绪是由四大要素组成的：一是情绪涉及身体的变化，这些变化是情绪的表达形式；二是情绪是行动的准备阶段，可能跟实际行为相联系；三是情绪涉及有意识的体验；四是情绪包含了认知的成分，涉及对外界事物的评价。

综合来说，情绪是指伴随着认知和意识过程产生的对外界事物的态度，是对客观事物和主体需求之间关系的反应，是以个体的愿望和需要为中介的一种心理活动。

人类的情绪非常微妙、多元化，远远超越了语言、文字所能够形容的范围，据研究人员统计，人类有几百种情绪，且还有很多混合、变种、突变以及具有细微差异的"近亲"。情绪没有好坏之分，但其引发的行为则有好坏，行为造成的后果也有好坏。每个人都会产生消极情绪，但谁也无法彻底消灭自己的消极情绪，有效疏导、适度控制是情绪管理的基本原则。

　　情绪是一个人心理健康的晴雨表，两者息息相关不可分割，因此，心理学领域对情绪进行了非常系统、深入的研究。

　　生理反应是情绪存在的必要条件，为了证明这一点，心理学家给那些不会产生恐惧和回避行为的心理病态者注射了肾上腺素，结果这些心理病态者在注射了肾上腺素之后和正常人一样产生了恐惧，学会了回避任务。

　　人类的情绪如此多样，在人的情绪当中，是否存在像"红黄蓝"三原色一样的基本情绪？美国加利福尼亚大学旧金山分校心理学家保罗·艾克曼在一定程度上证实了人类的确存在少数几种核心情绪。艾克曼指出，人类的4种基本情绪（喜、怒、哀、惧）所对应的特定面部表情，为世界各地不同的文化所公认，包括没有文字、尚未受到电影电视污染的人群，这说明情绪具有普遍性。

　　20世纪50年代，施洛伯格根据面部表情的研究提出，情绪的维度有愉快－不愉快、注意－拒绝和激活水平三个维度，并据此建立了一个三维模式图，其三维模式图长轴为快乐维度，短轴为注意维度，垂直于椭圆面的轴则是激活水平的强度维度，三个不同水平的整合可以得到各种情绪。

　　20世纪60年代末，普拉切克提出，情绪具有强度、相似性和两极性等三个维度，并用一个倒锥体来说明三个维度之间的关系。顶部是八种最强烈的基本情绪：悲痛、恐惧、惊奇、接受、狂喜、狂怒、警惕、憎恨，每一类情绪中都有一些性质相似、强度依次递减的情绪，如厌恶、厌烦，哀伤、忧郁。

　　美国心理学家伊扎德提出情绪四维理论，认为情绪有愉快度、紧张度、激动度、确信度等四个维度。中国心理学家黄希庭认为若撇开情绪所指的具体对象，仅就情绪体验的性质来看，可从以下四方面进行分析：强度、紧张度、快感度、复杂度。按照情绪发生的速度、强度和持续时间对情绪的划分可将情绪分为心境、激情和应激三种。

……

心理学领域对情绪的深入研究，催生出了一系列情绪量表，如积极情绪与消极情绪的自我评估（PNSA）、正性负性情绪量表（PANAS）、情绪智力量表（EIS）等，这些情绪量表为情绪和心理健康的衡量提供了指标，为心理干预、心理咨询等奠定了坚实的基础。

实际上，溯源心理学对来访者的情绪世界进行溯源，本质上与情绪量表一样，都是了解其情绪状况的一种方法或工具，与情绪量表所不同的是，溯源心理学更侧重对来访者情绪根源的探寻，而非情绪的表象，且不受量表固定测试题目的限制，可以更好地了解来访者情绪的全貌。

第五节　全面认识自己的 20 个问题

西班牙哲学家葛拉西安说："不了解自己，就无法驾驭自己。"这句话并不仅仅适用于哲学领域，在心理学领域同样适用，一个真正了解自己、认识自己的人，能够清晰地知道自己的心理状态是否健康，问题出在哪里，并能够积极地自我调节，进而保持一个良好的心理状态。

人本主义心理学家罗杰斯认为："个人都具有自我实现的趋向。"肯定来访者自身的力量，陪伴来访者一起靠近其自我实现的"本能"，挖掘其自我实现的动力，对于解决来访者的心理问题具有非常重大的意义。

溯源心理学和人本主义一样，都非常重视对来访者自身力量的肯定和挖掘，那么，具体来说要怎么做呢？心理咨询师不妨让来访者认真回答全面认识自己的20个问题，来了解来访者对自己的认识程度，从而帮助其更好地了解自己、认识自己。

全面认识自己的20个问题

来访者姓名：　　　　　　日期：　　　年　　月　　日

指导语：以下20个问题有助于你进行自我分析，明白自己的内心深处到底想要什么。回答问题的时候，你花的时间越少，答案越真实、准确。恭喜你！大多数人终其一生也不会提出或者回答这些问题。你的答案有助于你更好地、更有建设性地思考自己的过去和现在，并开始营造自己的未来。

1.　每个人的生活都是由内而外体现的。幸福的人非常清楚自己的信仰和主张。人的真实价值都会通过动作和行为表现出来。依据呼应法则，人的外在世界通常是一面镜子，映射出他的内心世界，必须要清楚地了解自己的真实价值。现在，在你生活中最重要的三个价值是什么？

（1）_____

（2）_____

（3）_____

2.　对你而言，生活中哪三件事情最重要？答案总会涉及人、活动及观点三要素。换言之，当你想到或提到它们的时候会产生强烈感情的是哪三件事？

（1）_____

（2）_____

（3）_____

3.　你一定花了很多年培养自己优秀的品质，它们是你性格中最重要的部分。作为一个人，你最优秀的品质是什么？

（1）_____

（2）_____

（3）_____

4.　在你取得的个人成绩中，哪三项让你最为自豪？这会很好地揭示自我，也会很好地表明你的真正价值和什么才是对你真正重要的。

（1）_____

(2) _____

(3) _____

5.　你拥有的最擅长的技巧或最突出的能力有哪三项？这通常也是你在工作或事业上取得成功的主要原因。

(1) _____

(2) _____

(3) _____

6.　三项法则表明，如果你把工作中所做的事情都列成清单加以分析，就会发现有三项活动在你自身的成就和对公司的贡献中至少占到90%。在生活中，你能在物质上获得成功，主要是因为这三项活动你做得更多、更好。在你取得的工作成就中，最具贡献性的是哪三项？

(1) _____

(2) _____

(3) _____

7.　工作中，你曾经历过巅峰体验，取得了令人瞩目的成绩。在大多数情况下，成就的取得取决于你的努力工作、持之以恒，发挥最佳才能取得特殊成效。在职业生涯中，你最大的三项成就是什么？

（1）_____

（2）_____

（3）_____

8. 你具备特殊才华、能力和气质，这让你有别于世界上任何人。当你把这些结合起来全部投入到某个任务或工作中，就会从中获得最大乐趣，取得最好的效果。你做过的哪三项工作或哪三个工作部分是最优秀的？

（1）_____

（2）_____

（3）_____

9. 工作中的哪三项内容让你获得最大的满足感？可能因为它们，你为工作和公司做出最大的贡献。无论让你获得最强自尊感的是什么，都清楚地表明你应该在这个方面再多做些事。

（1）_____

（2）_____

（3）_____

10. 如果你被迫延长休假时间，又有足够的钱做你想做的事，那么你会如何安排这段时间？去哪里？做什么？这个问题的答案清楚

地表明将来你应该多做些什么。

(1) _____

(2) _____

(3) _____

11. 在生活和工作中你经历过哪三件最糟糕的事？这个问题的答案会表明让你压力最大也最苦恼的经历是什么，是什么让你在时间、金钱和自我方面遭受损失和创伤。但是，这三项消极的经历也可能是你生活中最佳的学习机会。

(1) _____

(2) _____

(3) _____

12. 生活中你曾经犯过哪三个最大的错误？这些错误几乎都是在恐惧或无知的情况下，由于你做过或没做某些决定而造成的。如果你对此不够认真，就会经常对此懊悔不已，这会妨碍你正在做的事情并影响你在将来尝试新的事物。

(1) _____

(2) _____

(3) _____

13. 看起来每一次的经验教训都伴随着某种痛苦，包括身体、心理、情感或金钱上的痛苦。成功人士的特点是他们善于研究每一个问题或困境可能蕴含的教训。有时候，这些教训会成为前进路上的铺路石，引导你在日后的生活中获得更大的成功。在生活或事业上，你获得的最重要的教训有哪些？

(1) _____

(2) _____

(3) _____

14. 你现在最大的三个忧虑是什么？你对这个问题的答案越清楚，就越可能采取行动解决问题。许多人觉得不快乐，没有安全感，注意力不集中，是因为他们不了解在生活中引起压力或苦恼的究竟是什么。

(1) _____

(2) _____

(3) _____

15. 在仍然健在或已经离世的人当中，你最敬佩的是哪三个人？你常常会崇敬一些人，他们身上的价值、美德和品质是你最渴望也是最想要拥有的。这个问题的答案会让你更好地了解自己的核心价值观及你希望拥有的品质。

(1) _____

(2) _____

(3) _____

16. 你最关心的三个人或更多的人是谁？这个问题的答案有助于你关注生活中对你真正重要和关键的人。一生之中，尤其是转变时期，你通常忽视他们，认为一切关怀都是理所应当，所以既不关注他们，也没有充满感情、带着敬意、礼貌地对待他们。他们是谁？

(1) _____

(2) _____

(3) _____

17. 他人身上你最敬佩的品质是什么？他人身上你最敬佩的品质通常是你最渴望具备的。你越明确这些品质，就越容易在需要的时候努力培养而成。

(1) _____

(2) _____

(3) _____

18. 你希望他人用哪三个词描述你？这也是一个关于价值的问题。优秀的人非常重视他人对自己的评价，在意他人用什么样的方式描述自己。所以，他们有意识地注意自己的言行，确保留给他人的印象就是自己期待的。对个人形象的清晰了解能帮助一个人塑造性格、培养品质，并将其提升到更高层次。

(1) _____

(2) _____

(3) _____

19. 你所具有或擅长的三大优势是什么？

(1) _____

(2) _____

(3) _____

20. 你所具有或存在的三大劣势是什么？

(1) _____

(2) _____

(3) _____

第六节　　寻找内心自我，解谜神经症性障碍

神经症性障碍主要表现为焦虑、抑郁、恐惧、强迫、疑病或神经衰弱等，主要是由心理因素引起的，基本上都是主观感受方面的不良，没有相应的器质性病变，当事人的一般社会适应能力保持正常或影响不大；对身体的不适有充分的感受，一般能主动求治。

当前，神经症性障碍已成为一种常见心理问题、多发心理问题，影响人们的生活质量和社会功能，危害人的身心健康，对家庭和社会均造成较大的经济负担。神经症性障碍的产生与精神因素密切相关，使用药物副作用多，探讨有效的心理改善方法，对各种神经症性障碍进行早期干预，可以使其缓解或消除症状。

我国神经症性障碍人群多反复就诊于综合医院，常常延误诊治，浪费医疗资源，作为心理健康服务人员，心理咨询师有责任帮助广大神经症性障碍人群走出心理阴影，改正不良行为方式和生活习惯，促进其身心健康发展。

神经症性障碍的表现复杂多样，其典型的体验是持续的紧张心情，如焦虑、易激惹、强迫思维及多种躯体不适感，饱受神经症性障碍困扰者会感到痛苦和无能为力，心理冲突反复发作，心理冲突的出现、变化与精神因素密切相关，自知力完整或部分完整，持久的心理冲突影响其心理功能和社会功能，但体检没有器质性病变。大多持续迁延或呈发作性，不足 3 个月或仅有一次短暂发作者称为神经症性反应。

神经症性障碍可以划分为三大类：

一是焦虑谱系障碍，包括广泛性焦虑障碍、惊恐障碍、恐惧、强迫、创伤后应激障碍。

广泛性焦虑障碍，主要表现为持续的显著紧张不安，伴有植物神经功能兴奋和过分警觉，其评估标准为突出表现是持续的而非发作性的烦恼心情，至少六个月，与其他精神障碍没有关系，在易激惹，难入睡，集中注意能力下降，气短心悸头晕，出汗过多、脸红或口干，尿频、恶心或腹泻，肌肉疼痛或紧张，运动性不安或颤抖，疲劳或很难松弛九大表现中至少有六项符合，并且没有导致这些表现的任何其他疾病。

惊恐障碍具体表现为在无特殊的恐惧性处境时，突然感到一种突如其来的惊恐体验，有濒死感或失控感及严重的自主神经功能障碍，发作期始终意识清醒，高度警觉，部分人会发展为场所恐惧。其评估标准是在呼吸困难或者窒息感，头晕、坐立不稳或晕倒、心跳加快、颤抖、出汗、咽喉部阻塞感，恶心或腹部不适，人格解体或现实解体、麻木或针刺感（感觉异常），发热感或胸部难受，濒死恐怖，害怕会发疯或做事失去控制中至少有四项符合。

强迫的表现主要分为三个方面，即强迫观念、强迫意向、强迫性行为，既可能是单一方面的表现，也可能呈现出多方面的强迫表现。其评估标准为至少符合以下三项中的其中一项：一是强迫性思维为主，包括强迫观念、回忆或表象、强迫性对立观念、穷思竭虑，害怕失去自控能力等；二是以强迫行为（动作）为主，包括反复洗涤、核对、检查、问询等；三是上述两项的混合形式。

恐惧主要表现为明知道自己恐惧的反应是过分或不合理的，但不能防止恐惧发作并痛苦地忍受。常见的恐惧有三类：场所（广场）恐惧、社交恐惧和单一（特殊）恐惧。其评估标准为恐惧发生时是否伴有植物神经异常表现，是否明显影响社会功能，是否

有回避行为。

二是躯体形式障碍，主要表现为：躯体化障碍，自觉身体各种不适，比如没有发现任何病变的各种疼痛、肠胃不适、异常皮肤瘙痒等；疑病，经常担心或相信自己患有某种疾病，难以打破疑虑，伴有敏感多疑、过度忧虑等；神经衰弱，伴有焦虑或抑郁情绪等。

三是分离性障碍，主要表现为突然记忆丧失、无目的和无计划的漫游、双重或多重人格、意识状态改变等，可以大致分为四种表现形式，分为多种人格障碍、分离性遗忘、人格解体、未经特殊说明的分离性障碍。

神经症性障碍与器质性精神障碍的表现有一定的相似之处，但两者存在明显差异。器质性精神障碍是由于脑部疾病或躯体疾病引起的精神障碍，脑变性疾病、脑血管病、颅内感染、脑外伤、脑肿瘤、躯体感染、内脏器官疾病、内分泌障碍等都可能导致器质性精神障碍，因此鉴别两者的方法比较简单，通过医疗手段检查其是否存在脑部疾病或躯体疾病即可。器质性精神障碍不能单纯依靠心理咨询手段康复，必须让来访者到专业医疗机构去寻求帮助。

神经症性障碍与精神病性障碍，都可能有幻觉、妄想、思维紊乱、行为紊乱等缺乏自知力的表现，其日常生活和社会功能都存在部分损失或严重受损的情况，这就要求心理咨询师必须具备鉴别两者的专业能力。

一般来说，精神病性障碍的来访者对自己的心理状态异常没有认识，不认为自己有问题，不会主动寻求外界帮助，甚至会抗拒；神经症性障碍的来访者对自己的心理状态异常有认识，能明显感受到异常带来的心理痛苦，会主动寻求外界帮助。精神病性障碍必须坚持使用精神药物为主，心理咨询为辅，而神经症性障碍则可以通过心理咨询康复。心理咨询师可以根据来访者对自己心理状态的认识情况来鉴别神经症性障碍和精神病性障碍。

目前虽不明确哪些因素是直接导致神经症性障碍的"罪魁祸首"，但内心冲突及一些相关因素在神经症性障碍发生中的作用是肯定的。神经症性障碍是由心理因素引起的，发作通常与不良的社会心理因素有关，不健康的心理素质和人格特性常构成发作的基础。

罗杰斯以心理咨询的经验论证了人的内在建设性倾向，认为这种内在倾向虽然会受到环境条件的作用而发生障碍，但能通过医师对患者的无条件关怀、移情理解和积极诱导使障碍消除而恢复心理健康。人的内心所包含的心理能量就像核的物理能量一样巨大，肯定来访者自身的心理潜能，调动来访者自身的心理力量，完全可以帮助神经症性障碍人群实现自我疗愈。

每一个饱受神经症性障碍困扰的人，表现都是相似的，但实际上，每个人出现神经症性障碍表现的原因却各不相同，世界上没有能医治百病的灵丹妙药，也不存在能解决所有神经症性障碍的心理咨询方法，在神经症性障碍的心理咨询中，"对症"是非常关键的，唯有"因人制宜"，才能取得理想的咨询效果。

再高明的心理咨询师，也不如来访者自己更了解自己的内心世界，溯源心理学不是"药到病除"式的咨询方法，而是通过调动来访者本身的心理力量来帮助他们实现自我疗愈。在这个过程当中，心理咨询师是一个陪伴者、引领者，主要任务是引导、指引来访者去寻找内心自我，一层一层剖析自我，找到神经症性障

碍的根源所在，然后通过激发其心理潜能，促进来访者个人的心理成长，最终帮助其完成从心理亚健康到心理健康的蜕变。

第三章

溯源心理学的创设

第一节　　溯源心理学的应用

和任何一种心理咨询技术一样，溯源心理学不应该只停留在理论研究领域，而是要走进心理咨询室、走进社会、走进生活、走进社区，走到每一个需要心理疏导的人身边去，只有这样，溯源心理学才能更好地服务于大众的心理健康事业，才能更好地服务于社会最基层，促进更多人的心理成长和整个社会的和谐。

实践是检验真理的唯一标准，尽管溯源心理学是一个非常年轻的心理流派，但真金不怕火炼，应用是最好的座右铭。

总体来说，溯源心理学在应用过程中，具备以下几个明显特征：

1. 广泛的适用性

溯源心理学的应用范围非常广泛，不管是情绪上的烦恼、心理亚健康状态，还是程度上已经比较严重的心理问题，溯源心理学都可以帮助心理咨询师更快、更准确地找到"本源"，从而为解决方案的制定提供可靠依据。

此外，溯源心理学的广泛适用性还体现在其适用多种心理问题，除了有器质性病变的心理疾病之外，不管是神经症性障碍、抑郁问题、失眠问题、焦虑问题，还是人格障碍、社交障碍、应激障碍等，溯源心理学都是心理咨询师可以随心所欲使用的"趁手"工具。

与一些特殊心理咨询技术不同，溯源心理学没有副作用，因此适用的人群也非常广泛，从未成年的儿童，到处于青春期的少年，再到成年人、中年人、老年人，都适用溯源心理学，即便是聋哑人等特殊群体，也可以通过手语、笔谈、助听器等来实现交流，完成对心理症状的溯源过程。

2. 使用的灵活性

溯源心理学在应用的过程中，是非常灵活的，具有"因人而异""因时而异""因事而异"等特征。

如何溯源，从哪里开始溯源，溯源到什么程度，溯源哪些问题……关于这些问题，溯源心理学并没有画出明确的条条框框，这就使得心理咨询师在应用溯源心理学时，具有极大的自由，使用方式也异常灵活，这种自由和灵活的特征，也恰恰强化了溯源的效果。

没有统一的流程、没有固定的操作，也没有格式化的问题，只要严格遵循溯源的目的——找到心理症状的根源，一切都可以随时变通、随人变通、随事变通。

需要注意的是，溯源心理学使用的灵活性，对心理咨询师的素质和能力提出了更高的要求，溯源这种心理咨询方法，要求心理咨询师具备与来访者快速建立信任，并能够很快打开来访者话匣子的能力。

人人都有心理自动防御系统，当面对不想回答、不想谈及的事情时，人会不自觉地跳过不讲或通过说假话的方式来掩饰真实的想法，不同的来访者，对心理咨询师的信任度和配合度也是不同的，因此，心理咨询师需要有极强的识别力，能够准确判断出来访者的话是真是假，能够在来访者的表述中迅速找到重点，并

深入挖掘下去，一针见血地找到现象的根源。

独木难成林，一花难成春，溯源心理学的广泛应用不是仅靠几个人就可以完成的，而是需要依靠千千万万个心理咨询师、千千万万个心理领域从业者的推动。伴随着溯源心理学的应用场景越来越丰富，溯源心理咨询的实际案例越来越多，我们有理由相信，溯源心理学在实践应用领域一定会有一个无比光明的发展前景。

第二节　　溯源神经症性障碍的发生原因

WHO 根据各国和调查资料推算：人口中的 5%～8% 有神经症性障碍或人格障碍，是重性精神病的 5 倍。关于神经症性障碍，百度官方医疗 2008 年初的统计数据显示：西方国家的发生率为 100‰～200‰，我国为 13‰～22‰。从受情绪障碍和行为问题困扰的年龄结构上看，20 岁左右的青少年约占 75%，女性约占 65%，从地区分布上看，城区人口的发生率不断增高。

国内神经症性障碍流行情况的最新统计，目前尚处于空白，2005 年深圳市康宁医院精神卫生研究所张毅宏等曾对深圳市神经症性障碍的流行情况进行了抽样调查，其数据可以给我们一些参考和启迪。

张毅宏等共调查 7105 人，平均年龄 32.6 岁：男性 3603 人，占比 50.71%，平均年龄 33 岁；女性 3502 人，占 49.28%，平均年龄 32 岁；已婚占 60.3%，未婚展 33.27%，同居占 4.13%，分居、离婚和丧偶共占 2.67%。共查出神经症性障碍 950 例，发生率为 13.37%，男性 465 例，患病率为 12.9%，女性 485 例，患病率为 13.85%。

调查统计结果显示：在 30~44 岁人群中，女性的神经症性障碍发生率明显高于男性；独居者发生率最高，已婚者发生率最低。

近年来，随着智能手机、移动互联网的快速发展，"夜猫子""晚上不睡早晨不起""通宵玩手机"等现象在年轻人当中变得非常普遍，加之经济快速发展带来的各方面压力剧增，神经症性障碍的发生率呈现出不断走高的态势。

经过长期的数据统计和分析后，心理学领域已经发现：除了生活作息混乱外，内向型性格、完美主义、内心敏感的人都属于神经症性障碍的高发人群。

神经症性障碍具体到不同的人身上，其具体表现也并不完全相同，而是呈现出复杂多样的行为和心理表现，这使得溯源神经症性障碍的发生原因也变得异常困难。

多样化的表现，注定无法采用一刀切的方式来寻找原因，溯源心理学旨在通过借助来访者自身的心理能量来找到根本原因，从而"釜底抽薪"，彻底解决导致神经症性障碍的心理健康隐患，可以有效缩短神经症性障碍的康复周期。

那么，具体来说，心理咨询师该如何借助溯源心理学来溯源个体来访者神经症性障碍的发生原因呢？

溯源第一步：我怎么了？

作为一个优秀的心理咨询师，仅仅通过来访者填写的基本信息表格来了解来访者是远远不够的，在了解了来访者的基本信息

和情况后，我们需要和来访者面对面，关切地询问其感受和体验，引导来访者深入谈一谈"我怎么了？"，在来访者讲述的过程中，咨询师要耐心倾听，并通过时不时地回应、引导、提问等技巧，让来访者谈地更深入、更具体。

溯源第二步：我为什么会这样？

事实上，来访者除了扮演饱受神经症性障碍困扰的弱者角色外，同时还有一个隐形角色——自己的心理医生，关于自己为什么会出现神经症性障碍、出现神经症性障碍的原因等，来访者是有一定认知的。心理咨询师要引导来访者说出"我为什么会这样？"，如果来访者没有明确的答案，则可以引导其说出不同猜想或可能。

溯源第三步：怎样和解？

不管来访者把自己的神经症性障碍归因于某人还是某件事，心理咨询师都要有意识地引导对方溯源自己与该人或该事的关系、双方的冲突点等，并激发来访者的主观能动性，陪伴来访者一起寻找和解的可能和方法。

溯源第四步：怎样让自己内心强大？

神经症性障碍可以彻底康复，但周期长、且容易反复迁延，因此心理咨询师只帮助来访者解决眼前的问题是远远不够的，只有帮助来访者自己强大起来，才能抵抗各种不利因素，彻底做到标本兼治。因此，心理咨询师要根据来访者的思维方式、逻辑习惯等，为其量身打造一套"心理健身操"，告诉来访者当遇到负面情绪、压力、突发事件等容易引发神经症性障碍的诱因时，应该如何应对，怎样让自己内心强大起来，如何构建心理健康防火墙。

需要注意的是，在溯源的过程中，心理咨询师要充分发挥"心理导师"作用,当来访者对自己症状表述矛盾时,当来访者对自己神经症性障碍的归因十分离谱时,当来访者坚决拒绝与某人、某事和解时,要充分挖掘其深层次的原因,并给以必要的引导,以保证整个溯源过程的顺利。

第三节　溯源抑郁问题的发生原因

据 2019 年世界卫生组织(WHO)统计的最新数据显示,全球有超过 3.5 亿饱受抑郁问题困扰的人,近十年来抑郁问题的发生率不断增加,增速约 18%。截至 2019 年 12 月:新浪微博"抑郁"相关话题阅读量达到 4.5 亿;百度"抑郁"相关的帖子多达 2700 万个;知乎话题下"抑郁"一词条的关注量为 82 万人。有专业人士估计,截至 2019 年,中国泛抑郁人数超过 9500 万人。

2019 年 7 月 24 日,中国青年报在微博上发起针对大学生抑郁症的调查。30 万的投票中,超过两成大学生都自认为自己有较严重的抑郁倾向,25% 的大学生坦白曾有抑郁表现。

抑郁的自杀率约为 4.0%~10.6%。我国每 10 万人中有 22 人会因抑郁自杀。我们熟知的乔任梁、张国荣、崔雪莉、具荷拉等明星都因抑郁问题走上绝路。

世界卫生组织编制的《国际疾病分类》、美国《精神障碍诊断与统计手册》和我国的《中国精神障碍分类方案与诊断标准》均把抑郁归为心境障碍,抑郁问题的主要表现为持久自发性情绪

低落为主，社交能力下降，兴趣减低、悲观、思维迟缓、缺乏主动性、自责自罪，生活上会出现饮食、睡眠差，还会引发产生躯体不适，严重者可出现自杀念头和行为。

抑郁问题严重困扰人的生活和工作，给家庭和社会带来沉重的负担，约 15% 的抑郁者死于自杀。

按照《中国精神障碍分类与诊断标准第三版 (CCMD-3)》，根据对社会功能损害的程度，抑郁问题可分为轻性抑郁或者重症抑郁；根据有无幻觉、妄想或紧张综合征等精神病性症状，抑郁又分为无精神病性症状的抑郁和有精神病性症状的抑郁；根据之前（间隔至少 2 个月前）是否有过另 1 次抑郁发作，抑郁又分为首发抑郁和复发性抑郁。

迄今为止，抑郁问题的发生原因和机制还不明确，也无明显的体征和实验室指标异常，概括的说是生物、心理、社会（文化）因素相互作用的结果，在抑郁问题发生的三大因素中，社会（文化）因素占到 25%，各种重大生活事件突然发生或长期持续存在，会引起强烈或者（和）持久的不愉快的情感体验，从而导致抑郁问题的产生。

在实际心理咨询的过程中，溯源心理咨询师面对的往往是抑郁倾向的来访者居多，这些来访者的情况相对较轻，可以借助溯源心理学来溯源个体来访者的抑郁原因，并帮助来访者找回健康的心理状态。

溯源第一步：找回舒畅好心情

饱受抑郁困扰的来访者，一般都呈现出心境低落、灰心、活着无意义、觉得自己无用、感到无助、对未来感到无望等症状，心理咨询师可以采用溯源的方式深度了解来访者抑郁的时间、当时的重大事件等，找到来访者抑郁的诱因，然后根据具体诱因，再次深度溯源，引导来访者回忆与诱因有关联的、人生中印象深刻的大笑时刻、心情好到飞起来的时刻等。让来访者反复用曾经的舒畅好心情体验来给自己施加积极心理暗示，对于改善来访者心境低落的症状十分有效。

溯源第二步：找回生活动力

抑郁往往会使人逐渐丧失生活的动力，早发现早干预，能够大大缩短康复周期，避免自杀事件的发生。溯源的第二步就是帮助来访者找回生活的动力，心理咨询师可以引导来访者回想自己"奋斗"的经历、回忆"打鸡血"的时刻等，并有针对性地就其抑郁症发病诱因分析重塑生活动力的希望，并鼓励来访者勇敢去尝试。

溯源第三步：找回康复自信心

抑郁问题从开始咨询到痊愈需要 20 周，没有得到有效心理帮助的来访者，会持续 6 到 15 个月，甚至不少抑郁问题来访者有长达几年的心理问题史，这意味着他们往往有着反反复复、时好时坏的糟糕经历，部分丧失或全部丧失了对康复的自信，来访者对康复的自信是至关重要的，心理咨询师要溯源其产生不自信的根源，对症而处，帮助来访者建立自信心，只有这样才能充分调动起来访者自身的心理潜能，促使其尽快康复。

第四节　　有关人格障碍的心理溯源

迄今为止，关于人格障碍发生率的调查数据依然很少，1982年和1993年我国部分地区精神疾病的流行病学调查结果是人格障碍的发生率均为0.1‰。目前国外的调查结果，人格障碍的发生率大部分在2%~10%。从有限的资料来看，中国人格障碍的发生率与西方国家相比似乎特别低，这可能是中西方对人格障碍的理解和心理评估工具不一致及文化差异造成的。

尽管人格障碍的发生率远远低于神经症性障碍、抑郁问题等，但人格障碍一旦形成不易矫正，绝大多数人格障碍通常开始于童年、青少年或成年早期，并一直持续到成年乃至终生。

人格，也被称为个性，这个概念源于希腊语 Persona，原来主要是指演员在舞台上戴的面具，类似于中国京剧中的脸谱，后来心理学借用这一术语指一个人固定的行为模式及在日常活动中待人处事的习惯方式。

人格的形成与先天的生理特征及后天的生活环境均有较密切的关系。童年生活对于人格的形成有重要作用，且人格一旦形成具有相对的稳定性，但重大的生活事件及个人的成长经历仍会使人格发生一定程度的变化，说明人格既具有相对的稳定性又具有一定的可塑性。

人格障碍，顾名思义就是指明显偏离正常且根深蒂固的行为方式，具有适应不良的性质，其人格在内容上、质上或整个人格方面异常，由于这个原因遭受痛苦和（或）使他人遭受痛苦，或给个人或社会带来不良影响。

正如弗洛姆所说："人生的主要使命是自我成长，成为与潜能相符的人，人生奋斗目标最重要的成果，就是自己的人格。"
从幼年、少年、青年等人生早期阶段有意识地引导塑造其健康人格，
是预防人格障碍的最有效方法。

对于已经发生的人格障碍，心理咨询师可以借助溯源心理学
对来访者的幼年、童年等早期经历进行溯源，找到其根源，进而
因人而异探寻解决之道。

溯源第一步：我受到了哪些伤害

人格障碍的形成大多与一个人所经历的心理创伤息息相关，
尤其是一些幼年、童年时期遭受的心理创伤，所以要想找到来访
者人格障碍形成的原因，心理咨询师就要引导来访者把"我受到
了哪些伤害"统统讲出来，这种做法一是可以帮助来访者排解心
中的负面情绪和压力，二是可以让咨询师全面详细地了解来访者
的心理经历，从而为找出"根源"提供便利。

溯源第二步：我从什么时候开始变得"不一样"

人格障碍的发生从不是一蹴而就的，当发生雪崩的时候没有
一片雪花是无辜的，但心理咨询师必须要找到从量变到质变的关
键节点，这对于制定可行性咨询方案非常重要。心理咨询师可以
引导来访者就"我从什么时候开始变得'不一样'"充分描述当
时的情况，如来访者不确定是哪个时间段，可以扩大其时间范围，
或让来访者说出多个自认为"质变"的关键阶段。

溯源第三步：我愿意为什么而改变

人格障碍的矫正，不是一件容易的事情，尤其是对于成年人
来说，要做好长期甚至是一生的疗愈准备，这就要求来访者必须
拥有强大而坚定的内心动力，心理咨询师必须要想办法调动起来
访者的改变动力，溯源其"我愿意为什么而改变"，可以帮助咨

询师因人而异制定出行之有效的激励措施。

第五节　　关于自我的心理学诊断

这是一个最好的时代，我们享受着经济发展、便捷网络、丰富物质带来的美好生活；这是一个最坏的时代，我们不得不面对更多的压力、五花八门的讯息、与陌生人更多的交流与碰撞。

近年来，随着智能手机与移动互联网的发展，"熬夜"成了一种越来越主流的生活方式，"连续通宵"猝死、"连续加班"猝死之类的新闻屡见报端，再加上四面八方袭来的压力，绝大多数人的心理健康都岌岌可危。

有研究显示，近七成都市人心理处于亚健康状态，且每个人一生中有 70%~80% 的时间与此相伴。心理亚健康就像一个隐形杀手，藏匿在你我身边，慢慢吞噬着我们的健康。

心理亚健康并不等同于心理问题或心理疾病，这是一种处于心理健康与心理疾病之间的临界状态，处于心理亚健康状态之下的人，就仿佛是站在悬崖边上，尽管不像患有心理疾病一样糟糕，但却会莫名其妙地脑力疲劳、情感障碍、思维紊乱、恐慌、焦虑、自卑以及神经质、冷漠、孤独、轻率，甚至会产生自杀等念头，如果没有及时意识到自己的心理正处于亚健康状态，并及时做出相应的调整，极易引发心理和身体疾病。

现代都市中，不少人都处于"精神紧张"状态，长期精神高度紧张容易造成身体和心理两方面的健康隐患。从身体健康角度来说，精神紧张与头疼、脑血管疾病、胃溃疡等都有直接关系；从心理健康角度来说，精神紧张往往会导致焦虑、失眠、思维紊乱、情绪低落等，长此以往必然会对人的心理健康造成严重伤害。

身处现代社会，每个人都应该掌握一定的自我心理学诊断知识，清楚心理健康亮起红灯的信号，只有这样才能更好地保卫我们的心理健康。

那么，心理亚健康的"报警信号"都有哪些呢？

一是疲劳，压力就像榨汁机，无形中消耗你的精力，让身体机能和心理负荷增加，当你觉得即使一夜好眠也无法电力"满格"，那么请停下来想一想，是不是该给紧张忙碌的自己一点时间来调整休息。

二是失眠，睡眠是心理健康的重要一步，现代社会与压力相关的失眠症并不少见，压力让身体一直处于"工作模式"，无法停止思考，导致第二天更疲劳，形成压力的累加，如果你连续多天都处于失眠状态，请警惕心理亚健康。

三是情绪异常，情绪改变是心理问题最常有的表现，也是最容易被忽略的信号，大脑前额叶皮层能够调控人的基本情绪，一旦压力过大，会减弱其控制力，导致人的安全感、自尊、自信心降低。倘若你发觉自己的情绪出现了异常，说明你该给自己的心理松绑。

四是性格改变，如果家人或朋友等多人"抱怨"你突然性情改变，变得疑心重重，对亲近的人都漠不关心，不愿多交流，沉溺于自己的世界中，那么很可能你已经处于心理问题的边缘。

此外，慢性疼痛、健忘、总爱生病、焦虑、烦躁、胸闷、缺

乏食欲等都属于心理亚健康的报警信号。

不少人把出现心理问题看成一件羞耻的事，还有一些人希望用意志来战胜心理问题，结果导致心理问题越来越严重。其实，心理亚健康和心理问题、心理疾病都不可怕，每个人都有强大的心理潜能，我们可以做自己的心理医生，借助溯源心理学来找到为心理减负的方法。

溯源第一步：自省释放心灵

人人都有心理烦恼、负面情绪，没有绝对心理健康的人，事实上，每个人或多或少都存在一定的心理问题，一旦处于心理亚健康状态下，本来不起眼的心理问题很可能会无限放大。自省是自我内在提高的好方法，通过溯源的方式自我反省，不仅可以帮助我们认识自己，还能强健内心、避免负面情绪继续发展。

溯源第二步：寻找压力之源

心理问题从来不是孤立存在的，而往往是某个事件的连锁反应。比如，工作压力大导致焦虑和紧张，于是注意力下降、记忆力退化导致做不好工作，继而影响和同事、领导的关系，人际关系的紧张又导致抑郁情绪，抑郁、记忆力衰退又会叠加在一起反过来增加压力，最终致使心理问题愈演愈烈。要想维持健康的心理状态，寻找压力源很重要，溯源自己的压力来源，然后用合适的方式去解决问题，是缓解心理亚健康的根本方式之一。

溯源第三步：放松就是疗愈

放松就是最好的疗愈。当你处于心理亚健康状态时，不妨离开所在的环境，找一个让自己觉得舒服的地方先躲避一会儿，然后舒缓地做腹式呼吸，同时尽量转移自己的注意力，可以看看周围的事物，听听周围的声音，做点喜欢的事情，想想能让自己感到温暖的画面。

　　人的心理状态并不是静止的，而是一直处在动态变化中，因此我们有必要定期给自己做一次心理体检，比如每过半个月或一个月，就对自己的心理状态做一个评估，并把评估的结果记录下来。定期心理体检一定要长期坚持，这是对自己心理轨迹发展的监测，可以及时发现心理问题，并及时采取对策。

心理状态自我评估表

月份	情绪、思维、感受、心理状态	程 度	持续时间	原因或事件	心理健康指数	一句话感想
1						
2						
3						
4						
5						
6						
7						
8						
9						
10						
11						
12						
		程度评估为1-10分，其中1-3分为轻度，4-6分为中度，7-10分为重度。　　心理健康指数为1-5分，其中5分非常健康，4分基本健康，3分心理亚健康，2分心理不健康程度较浅，1分心理不健康程度较深。				

第六节　溯源心理学的可能性拓展

从理论层面来讲，溯源心理学的应用范围是非常广泛的，溯源，即从源头抓住根本，如此一来自然可以釜底抽薪，彻底解决导致心理症状的顽疾。一切心理问题、心理疾病，都是表象，其背后都有截然不同的致病因素，也就是说，溯源心理学和精神分析、认知技术等主流的心理流派一样，几乎适用于目前绝大多数人的心理问题。

理论是支撑，但实践才是检验真理的正规场合，除了神经症性障碍、抑郁障碍、人格障碍、自我心理调适之外，溯源心理学在实践中还有更多的可能性拓展。

1. 用于其他心理问题的咨询

焦虑障碍、恐惧障碍、失眠障碍、忧郁障碍、孤独障碍、适应障碍、社交障碍、应急障碍等心理问题的咨询，实际上都可以使用溯源心理学的方法。每一个来访者看似无力的心理状态背后，都潜藏着无比磅礴的自愈能量，心理咨询师要做的不仅仅是让来访者的不适感降低，更重要的是，通过溯源其思想和行为，找到其内心深处的创伤，通过溯源其心理潜能，激发出来访者的巨大自愈能量，从而帮助来访者彻底摆脱心理问题的困扰，并促使其拥有对抗心理问题的能力。

从这个角度来说，溯源心理学并不仅仅只是一种单纯的心理咨询方法，它还是心理健康的防火墙，来访者对抗心理问题的有力武器。

2. 用于深入地认识自我

西班牙的葛拉西安说："要了解自己的性格、才智、判断力与情绪。不了解自己，就无法驾驭自己。为能明智地处理事情，应该精确地估计你的明慎程度和领悟能力，判断一下自己会怎样迎接挑战，探探自己思想的深度，量量自己资源的广度。"

周国平说："认识自己，过去的一切都有了解释，未来的一切都有了方向。"

世界上最大的对手不是别人，而是自己，读懂自己、认识自己是每个人终其一生的永恒课题。如何认识自我？怎样深入地认识自我？溯源心理学就是认识自己的最佳工具，我们可以从日常的一件小事、按部就班的行为或很容易被忽略的固化式思维等开始溯源，寻找这些行为背后的深层次心理原因，拔丝抽茧地一点点揣摩自己，毫不掩饰地直面最真实的自己。

3. 用于开解遇到的困惑

在现实生活当中，我们每个人都会遇到这样或那样的人或事情，它们或是令自己愤怒、也可能令自己愤愤不平，抑或是觉得自己被无数人故意针对，苦苦纠结于此，只会令我们越加痛苦。

从心理健康角度来讲，过于执着并不是一件好事，所以当我们遇到困惑之人或事时，学会开解自己，是一门非常重要的人生课。溯源心理学是我们开解自己的好方法，一切现象皆有因果，一切结果都有其缘由，溯源那些令我们困惑的人或事，我们很容易会发现世界上根本没有所谓的不公，不过是不同事物的不同发展阶段而已，一叶障目不见森林，自然会产生种种困扰，但只要我们通过溯源的方法窥见了整个事情的全貌，那么还有什么可执着或

纠结的呢？

此外，在人际关系当中，溯源心理学也可以为我们提供一些社交的智慧与启迪，人与人的关系是处在动态变化之中的，要想和他人长期维持一个良好的相处状态，那么溯源双方相互交往的过程以及细节等，可以帮助我们准确判断在今后的双方相处中自己应该怎样做。

第四章

溯源心理咨询的流程

第一节　溯源心理咨询的操作流程

和其他心理咨询方法一样，溯源心理咨询也有其固定的规范化操作流程，总的来说，溯源心理咨询主要有以下五大步骤。

第一步：收集资料

要想与来访者建立起良好的咨询关系，咨询师就必须对来访者的各方面情况都做到心中有数，收集资料可以帮助咨询师弄清楚来访者的心理烦恼情况和背景等，有助于精准定位溯源突破口。

收集资料的基本方法主要有填表法、观察法、谈话法、调查法等，需要注意的是，咨询师在收集资料之前，要明确收集的信息主要包括哪些内容：一是来访者的基本情况，如姓名、性别、民族、年龄、家庭住址、联系方式、所在学校或公司等；二是来访者前来求助的主要问题及其诉求，比如学习、生活、工作等都受到了什么影响，希望得到什么样的帮助等；三是来访者的家庭情况，包括父母职业、文化程度、教育方式、宗教信仰、个性特征、健康状况、家庭氛围以及亲子关系等；四是来访者在学习或工作中的表现，比如人际关系情况、参加集体活动时的表现，学习或工作的情况等；五是成长经历，一个人经历过什么，则会成长为一个什么样的人，可以毫不夸张地说，是成长经历塑造了我们，因此咨询师非常有必要充分了解来访者的成长经历，如从记事到现在的基本情况，尤其是特殊事件或经历更要仔细了解；六是身体发育及健康状况，如是否得过大的疾病、是否容易疲劳、容易生病、吃饭与睡眠情况，是否存在生理病变等。

第二步：面对面会谈

咨询师和来访者建立良好的关系是会谈成功的关键，首先通过倾听把握来访者内隐的思想和感受。以"什么""为什么""怎样""能不能"进行发问，收集信息，以体贴、耐心的态度倾听来访者的倾诉、引发事实，了解来访者的情绪，根据来访者的心理状态、知识水平、人格特点、咨询动机等，引导来访者注意和探索自己的感受及情绪。以"是不是""要不要"发问，把握住会谈的方向，围绕重点，溯源心理咨询师应充分利用自己有关的知识和经验，有目的地对来访者进行诱导，确定信息，细心的体察求助者的内心世界，设身处地从对方的角度体会他的处境和心情，对来访者出现心理问题的前后及内外做全盘的体察与分析，澄清、确认、取得共识。

通过会谈，咨询师应该表达出对来访者充分的理解和关心，增加来访者的信心。会谈是一种技巧，也是一门艺术，作为专业的心理咨询师，培养自身良好的谈话素质，与来访者建立良好的关系，才能取得来访者的信任和配合。

第三步：数据采集与分析

为了客观了解来访者的性格特征及问题所在，借助心理测量工具进行数据采集是非常有必要的。一般来说，常用的心理测量工具主要有：

SCL-90 症状自评表

卡特尔16种人格因素问卷（16PF）

明尼苏达多项人格测验（MMP1-399）

贝克抑郁量表（BDI）

伯恩斯抑郁量表（BDC）

积极情绪与消极情绪的自我评估（PNSA）

简明精神问题量表（BPRS）

······

心理测量作为一种心理学技术，使用一些经过选择的工具，对来访者不同时间段的情况收集相关数据，可以帮助咨询师及时对病程、预后进行评估，客观地、数量化地进行分析比较，从而鉴别其心理是处于边缘状态抑或是异常状态，找到被试者心理问题的突破口。

此外，咨询师务必要了解来访者既往病史及家族精神病史及有无躯体症状，如筛选出阳性心理疾病的来访者，要本着负责的态度及时转介，并说明情况。

第四步：心理咨询

溯源心理咨询师根据来访者的情况，确定具体的咨询方案，并确立不同阶段的咨询目标，说明溯源心理咨询的原理、过程，商定心理咨询的形式、时间、咨询次数等，双方达成一致后签署来访者承诺书，并按双方约定开展心理咨询服务。

第五步：结束咨询

溯源心理咨询的最高境界是：帮助来访者在咨询的过程中学习新知识、新经验，激活其心理潜力，促使其拥有独自发展、成长的能力。当来访者拥有了强大的心理自愈能力，那么也就到了结束咨询的时候。总的来说，咨询师可以渐次减少会谈的次数，在不声不响中结束咨询，也可以明确决定停止咨询日期，隔一段时间，再同求询者进行短期会谈，追踪咨询结束后的适应情况如何。

第二节　　溯源心理咨询前的准备

溯源心理咨询是探索来访者心灵的历程，旨在使来访者无保留地公开自己的隐情，溯源其烦恼的根源，反省自己的思想行为，但每个人都有自我保护的本能，本能地抗拒与咨询师的深层次心理交流。因此，要想消除来访者的心理阻抗，就一定要充分做好溯源心理咨询前的准备工作。

总的来说，溯源心理咨询前的准备工作，主要有以下三项：

1. 咨询室的布置

环境对人心理的影响是无处不在的，正如弗洛伊德所说："在这间屋子里，任何一样东西都具有象征意义。"咨询室的布置对来访者会产生巨大的心理暗示作用，是心理咨询的一个重要组成部分。对于溯源心理咨询师来说，为来访者布置一个安全、祥和、舒适及充满生机的环境，对于心理咨询的顺利进行非常重要。

那么，咨询室究竟要怎么布置呢？要遵循哪些原则？

来访者前往咨询室的路上，往往都有比较大的心理压力或精神负担，因此咨询室的布置必须要有专业形象、路标、提示牌等，

方便来访者顺利到达，以减少其焦躁或沮丧情绪。还要注意隐秘性，保密是心理咨询的基本要求，体现在咨询室布置上，需要人流少、隔音好、每个来访者单独接待。

总的来说，咨询室的面积要大小适中，太大给人空旷感，太小则会令人感到局促、不放松，都不利于咨询的顺利进行；需要有窗户，光线要舒适，咨询室内的颜色要平和并给人以温暖的感觉；温度要适宜，太冷或太热，都不利于来访者迅速打开心扉；要有基本的设备，如椅子或沙发、小茶几、钟表、纸笔等，需要注意的是，咨询室内的桌椅摆放有专业性的要求，咨询师与来访者的座椅摆放要成一定角度，避免目光直对所带来的压力。

此外，还可以对咨询室进行适当装饰，如摆放工艺品、心理学书籍、图画、鲜花绿植等，但装饰物不可过多，且不可放置咨询师的私人物品。

2. 咨询师的形象

一个优秀的溯源心理咨询师，在亲和力、吸引力、感染力和影响力方面都是出类拔萃的，和蔼的态度、慈祥的目光、温和的语气、丰富的知识、深刻的思想、优美的动作、简洁的语言、平等的交流、真正的理解、富有智慧的启迪……唯有具备这些品质，才能迅速消除来访者的戒备感，给予对方充分的安全感，突破来访者的精神防御机制，从而快速建立起信任关系，真正让来访者放开自我，溯源到其心理烦恼的根本缘由。

咨询师的形象主要有两部分构成：一是着装外表，二是个人魅力。

在着装方面，溯源心理咨询师不可标新立异，也不可太过"职业化"，总的来说选择着装方面要遵循"有亲和力"的原则，普通的、大众的、令人放松的休闲类服饰是不容易出错的选择，对于个别着装个性的来访者，咨询师不妨和对方选择类似的服饰，对快速拉近彼此距离会有帮助。

溯源心理咨询师还要坚持不懈地培养自己的个人魅力，每个人的气质都是不同的，要根据自己的气质特点不断提升自己的内在修养、心理咨询业务能力、同感共情能力、洞察分析能力、觉察自省能力和沟通表达能力等。可以毫不夸张地说，咨询师的个人魅力与心理咨询的效果息息相关，与身体疾病使用药物不同，心理咨询对来访者的自愿配合度要求更高，一个有个人魅力的心理咨询师能够更容易赢得来访者的认可，从而更积极配合咨询师的工作，可以达到事半功倍的效果。

最后，溯源心理咨询师在咨询前，要充分了解来访者的个人信息情况，并花十分钟左右的时间充分调整好自己的状态，让自己放空，做好与来访者共情的准备，想好见到来访者的"开场白"，如何快速进入主题，怎样面对来访者的阻抗等。

第三节　　如何与来访者建立咨询关系

与其他心理咨询一样，溯源心理咨询也需要来访者的充分配合，只有这样才能通过来访者的叙述、情绪、烦恼等溯源到其"根

本"，并找出彻底解决问题的方法和关键。这就意味着，不管溯源心理咨询师的水平有多高、专业能力有多好，一旦来访者对咨询师存在严重阻抗情绪，拒绝与咨询师交流、怀疑咨询师别有用心等，那么心理咨询就很难有效果，因为来访者只专注于自己与咨询师的对抗，而没有跟着咨询师的引导去进行自我探索、溯源问题本质，寻求解决之道。

对于溯源心理咨询师来说，如何与来访者快速有效地建立起相互信任的咨询关系，是关系心理咨询成败的关键因素，也直接影响着来访者的流失率。

良好的咨访关系是心理咨询过程的第一步，是心理咨询取得良好效果的基础。需要注意的是，咨访关系和普通的人际关系截然不同，也不同于助人关系和思想开导，这是一种建立在专业基础之上的职业关系，要求咨询师谨守职业底线，保障来访者的权利，与来访者之间不做或从事职业范围以外的事情。

总的来说，来访者有权了解溯源心理咨询师的受训背景、执业资格；有权了解心理咨询的具体方法、过程、原理、收费标准；对咨询方案的内容有知情权、协商权和选择权；有权要求咨询师中止咨询或转介；有权要求咨询师对自己的情况严格保密等。

保障来访者的合法权利是建立良好咨访关系的基石，溯源心理咨询师要严守职业道德，不可在来访者应知、可知的事项中故意隐瞒、回避、欺骗等。

美国心理咨询大师罗杰斯提出，咨询关系的确立需要具有同感共情、真诚一致、无条件关爱三大基本因素。

1. 同感共情

同感共情是心理咨询中的基本特质，也是良好咨访关系建立的重要因素。所谓"同感共情"，简单来说就是咨询师要能够准确体察、把握来访者的内心感受，能够以来访者的思想和情感去感受、体会、反馈来访者所讲述的人与事，以求得与来访者产生思想共鸣，从而深刻理解来访者的内心世界，并给予其情感和心理上的支持和认同。

2. 真诚一致

真诚，指溯源心理咨询师要真诚地展现自己、真诚地对待来访者、真诚地与来访者交流。这就要求咨询师必须表里一致、言行一致，诚恳忠实地对待来访者，需要注意的是真诚并不完全等于诚实，有时善意的谎言也能达到很好的咨询效果。

咨询师的真诚一致，目的在于给来访者一种安全感，并为其树立一个榜样，使来访者受到感染，逐渐开诚布公地展现自己，坦露自己的内心。恰当地表达真诚，不仅是一种技术，更是一种艺术。

3. 无条件关爱

无条件关爱，是指对来访者接纳、关注、爱护的态度。咨询师要尊重来访者的现状、价值观、权益和人格，不因来访者的价值观歪曲、行为触碰道德底线等而对其横加指责、道德批判等。这是建立良好咨访关系的重要条件，也是使来访者人格产生建设性改变的关键。

无条件关爱是咨询师对待来访者的基本态度，要求咨询师对来访者的所有言行持开放和接纳的态度，尊重来访者，以给予来

访者一个安全温暖的氛围，只有这样才能让来访者最大程度地表达真实的自己，进而更快地溯源到问题的根本所在，为心理咨询的成功奠定坚实的基础。

良好的咨访关系是溯源心理咨询师与来访者之间相互信任、理解、接纳、卷入的关系，能够减少来访者的防御心理，使来访者在心理咨询过程中提供真实、全面的信息，避免出现因掩饰性信息而导致的溯源偏向问题，可以大大提升溯源过程的心理咨询效率。

咨访关系并不是固定的、一成不变的，而是时刻处于动态的一种人际互动关系，这就要求溯源心理咨询师在与来访者建立了良好的咨访关系后，还要长期做好咨访关系的维护工作。

第四节　怎样把握来访者心理

每个人的心理世界都是一个秘密宇宙，其中所包含的巨量信息远远超乎我们的想象，正如精神分析大师弗洛伊德提出的人类潜意识"冰山理论"所说，人的意识是冰山上的尖角，能看见的只有很少的部分，更多的是隐藏在海面下的部分，那是更真实的。

面对复杂的人类意识与心理活动，溯源心理咨询师究竟应该怎样从心理层面去深度认识来访者、进而把握来访者的心理状态呢？

维度 1：认识来访者其人

在现实心理咨询领域，有一种非常有意思的现象，父母认为孩子有心理方面的问题，遂带着孩子寻求心理咨询师的帮助，结果却发现有心理健康问题的并不是孩子，而是孩子的父母。

作为一个专业的溯源心理咨询师，我们不能简单粗暴的认为，凡是来做心理咨询的人或凡是被他人认定需要做心理咨询的人都有心理健康问题。任何来访者都是一个完整的个体，而心理烦恼或问题只是他们身上的其中一部分，切不可一叶障目不见泰山。

咨询师要先认识来访者其人，从一个客观的角度清楚准确地了解来访者的成长历程、价值观点、所体验的情感、经历的重点事件、社交情况、工作生活等，在与来访者交谈的过程中，咨询师要注意把谈话话题引向具体的事实与细节，使双方讨论的具体事实更加清晰、准确。

维度 2：把握来访者心理烦恼

在与来访者进行交流时，来访者对自己心理烦恼的叙述往往是充满了"情绪化"的，思路跳脱、发泄性特征明显，想到一处是一处，没有清晰的逻辑线，呈现出无规律发散状态，且由于情绪方面的"加持"，使得他们对自己心理烦恼的描述有一定的"艺术化加工"，这就要求溯源心理咨询师必须能够准确把握来访者的心理烦恼，能够从他们杂乱、情绪化的语言中找到关键。

溯源心理咨询师可以带着以下几个问题去探寻来访者的真实心理困扰，能够有效提升溯源心理咨询的效果。

来访者心理困扰深处的心理需求暗示是什么？

来访者为了摆脱心理困扰已经付出了哪些努力？

来访者付出努力后的结果怎么样？

来访者的心理需求背后有哪些可挖掘的积极资源。

维度3：把握来访者此时的心理

过去的事情无法改变，未来的事情还未发生，唯有此时此刻才是最有价值、最有意义的。溯源心理咨询师要善于把握来访者此时此刻的心理状态，这对于后续咨询工作的开展非常重要。尤其是对于那些只讲过去和未来，对当前心理状态采取回避或淡化态度的来访者，咨询师要有意识地引导其明确自己当下的需要和感受，鼓励来访者直接表露自己。

遇到有阻抗的来访者，咨询师可以采用"自我披露"的策略，自我披露是咨询过程的一部分，意味着咨询师在来访者面前表现真实的自我，无论是成功的一面，还是失败的一面。咨询师越是在来访者面前拔高自己，来访者就越容易感到自卑，自我披露可以使咨询师放下伪装，以一种自然放松的姿态与来访者共享一个心理时空，在无形中激励来访者成长。

维度4：准确挖掘来访者的资源

正如美国堪萨斯大学段昌明教授所言："咨询师可以给予来访者的最好的东西是帮助来访者体验到一个健康的关系和发现自己的资源和优势！"溯源心理咨询师要能够准确挖掘来访者的资源和优势。

具体来说，真诚、积极深度同感和无条件支持接纳，认同来访者的经历、价值观等，有助于咨询师发现来访者的某些积极素质，咨询师要做的就是让来访者看到自己的资源和优势，并帮助其建立达到目标的希望，培养其积极情感，引导其体验对积极性的向往，激发其内在价值感，这对后期的顺利溯源至关重要。

第五节　准确找到溯源突破口

在实际心理咨询工作当中，每一个来访者的情况都不同，他们所呈现出来的状态和行为表现就像是一团乱麻，溯源心理咨询师要做的事情就是从这些看似杂乱无章的一团乱麻中找出一个"线头"，并以此为线索，溯源其根本，进而找到彻底的破解之法。

溯源心理咨询的重点和难点在于准确找到溯源的突破口，一般来说，咨询师可以从以下几个方面来寻找溯源的突破口。

1. 情绪

情绪是人类心理的晴雨表，即便是不喜形于色的人，他们的心理活动还是会不由自主地映射到微表情上。也就是说，溯源心理咨询师完全可以从来访者的情绪入手，通过观察来访者的情绪变化，洞察其内心活动。

实际上，很多心理健康方面的问题，都与情绪有着密不可分的关系，抑郁、焦虑、恐惧、忧郁等正常情绪一旦长期过量，就会逐渐形成心理健康方面的隐患。从来访者身上找出鲜明的情绪特征，并就其情绪溯源出现这种情绪的缘由，进而挖掘来访者的心理世界，是一个非常不错的溯源突破口。

2. 表现

一般来说，寻求心理咨询师帮助的人，往往是那些行为、表现等已经对其正常工作生活产生影响的人，比如轻度强迫，总是忍不住洗手，以至于无法一心一意地投入工作等。所以，溯源心理咨询师，不妨从困扰来访者本人的表现来入手，引导来访者坦诚地说出困扰自己的事件、行为、做法等，然后以此为起点，溯源其想法、做法背后的深层次心理原因，进而找到问题的解决之道。

3. 感受

没有人比来访者自己更了解自己的情况，他们的感受往往连接着心理深处的需求，当难以找到合适的溯源突破口时，溯源心理咨询师不妨引导来访者谈感受，过去的感受、当前的真实心理感受，面对未来的心境等，来访者所有关于"感受"的讲述都是非常有价值的溯源线索，顺着他们的感受，去追溯他们产生该感受的原因，进而探索其价值观，将非常有利于咨询师快速找到他们的烦恼根源。

4. 对比

世界上没有绝对的正确和错误，正如判断心理问题的标准也并不一定正确，比如关于同性恋，曾经人们认为这是一种疾病，今天却有越来越多的民众不再将其视为疾病，并给予这一群体充分的理解和尊重。人属于社会化群居动物，当个体的行为与群体相一致时，则个体行为会被人们认可，并视为正常的、健康的，反之则会被视为不正常的、非健康的。溯源心理咨询师应当有独立的判断，不要被社会主流舆论而影响，而对比则是破除一切社会迷障的绝佳溯源突破口，尤其是由认知而引起的心理烦恼或心理问题，非常适合采用对比溯源法，来访者过去与现在的对比，来访者本人言行、想法、心理活动与绝大多数人的对比等，都可以帮助咨询师快速找到"差异点"，进而深度溯源，找出导致问题出现的"罪魁祸首"。

5. 关系

任何一个人都不是孤立而存在的，哪怕是非常内向、孤僻的人，也会有诸如父母、网友、同事、同学等一系列社会关系，在这个世界上，人与人之间形成了巨大的关系网络。俗话说"物以类聚，人以群分"，来访者是什么样的人，则与他们交往甚密的社会关系也会打上相似的烙印。倘若咨询师无法在来访者本人身上找到溯源的突破口，那么不妨采取"曲线救国"的策略，通过其家人、朋友等关系密切的人去追溯来访者的心路历程。

需要注意的是，溯源心理咨询师在寻找来访者身上的溯源突破口时，切不可犯经验主义错误，每一个来访者都是独一无二的，唯有因人而异，才能取得更佳效果。

第六节　激活来访者自身的心理能量

挖掘来访者身上的优势资源，激活来访者自身的心理能量，对于溯源心理咨询的顺利进行具有重要意义。

在现实心理咨询当中，几乎所有的来访者都是迷茫、无助的，

为了摆脱心理亚健康困扰，他们当中的很多人付出了很多努力，进行了各种各样的尝试，但结果却往往是遍体鳞伤，甚至完全失去了恢复心理健康的信念。

在这样的大背景下，发现来访者身上的积极资源，并调动其潜在的心理能量显得越发重要。一个处于心理亚健康的来访者，就像一棵正在逐渐死亡的树，我们表面上看到的是树叶发黄、树叶发蔫等，但本质上却是内里生命力的流逝，树叶发黄就治树叶的做法是不高明的，高明的医者能够一眼看穿本质，并培植其内在生命力，只要内在生命力回来了，一切表面现象也都会得到改善。

那么，怎样培植来访者内心的生命力，激活他们自身的心理能量呢？

1. 生命意义

一千个人眼中有一千个哈姆雷特，一千个人对生命意义的看法有一千种之多，尽管每个人对生命意义的理解不同，但人人都与"意义"捆绑在一起。

人类生活与"意义"密切相关，每个人所看到的外界事物并不是纯粹客观存在的，而是通过人的感官体验折射出来的。即便是最直接的体验，也会受到人的主观看法的影响。比如，我们所看到的"木头"，往往是"与人类相关的木头"，而"石头"则指的是"构成人类生活中物质因素之一的石头"。没有人能够脱离"意义"存在，如果一个人试图摆脱"意义"而思考环境，那么他将因此而非常不幸地与其他人隔离开来，这种行为对于他自己来说毫无益处。

每一个来访者都赋予了生命和现实的意义，并借此来感受生命、现实，引导来访者思考生命意义来唤醒其内心深处的"意义"，是强化来访者自身优势资源的好方法。

2. 自我心理暗示

每个人出生时，都自带一种工具，它被称为"自我暗示"。自我暗示是大自然赐予人类的惊人心理潜能，它能制造最好的结果，也能制造最坏的结果，结果是好还是坏，关键取决于你的自我心理暗示是积极的还是消极的。

积极的心理暗示，会不断给人注入强大的心理动力，从而促使我们的行动也朝着积极方向发展；消极的心理暗示，会逐渐消磨人的斗志和追求，使人逐渐成为畏畏缩缩、不敢行动、不愿行动、对什么都灰心失望的人。谁掌握了积极心理暗示的秘密，谁就有希望在人类能力所及的范围里无所不能。

心理暗示是人类心理方面的一种正常活动，主要是指在无对抗和批判的情况下，通过感官给予自己或他人心理暗示或刺激。溯源心理咨询师要想激活来访者自身的心理能量，完全可以通过引导来访者进行积极心理暗示来实现。

需要注意的是，咨询师也可以通过心理暗示的方法来影响来访者，不过咨询师所有的心理暗示只有转变成来访者的自我暗示之后才起作用。自我暗示是意识思想的发生部分与潜意识的行动部分之间的沟通媒介，会告诉来访者注意什么、追求什么、致力于什么和怎样行动，因而能支配和影响其行为，使来访者相信自己能感知到未知之事。

此外，认可+鼓励、积极心理强化、成功的经历、愉快的往事等，都可以作为来访者心理能量的激活法门。溯源心理咨询师需要注

意的是，每个来访者的情况不同，所拥有的积极资源也有差异，这就要求我们一人一案、一人一策，充分尊重来访者的个性和独特性，为走进来访者内心顺利开展溯源奠定坚实基础。

第七节　制定合理的溯源心理咨询规划

很多时候，来访者都是盲目的，他们陷入了心理烦恼或心理问题的漩涡之中，只看到眼前一团糟的情景，部分丢失或全部丢失了对未来的美好期待，因此，溯源心理咨询师很难直接从来访者口中知道他们想要的是什么。

一个高明的溯源心理咨询师，需要具备与来访者一起探索令其向往未来图景的能力，这就涉及确立目标以及制定实现目标的溯源心理咨询规划。

1. 怎样帮助来访者确立目标

溯源心理咨询师可以通过询问、面谈或布置作业等方式来帮助来访者确立目标。从本质上来说，确立目标的过程，就是在帮助来访者回答"我想要什么"这一关键问题，找到了来访者内心的渴望，那么就可以引导来访者回答另一个关键性问题——"想得到想要的东西，我必须做些什么"。

具体来说，咨询师可以引导来访者回答以下这些问题：

我最关键的需要和愿望是什么？

较好未来的某些可能性是什么？

一年以后我的生活应该是什么样子呢？

让来访者写出自己想要的目标列表，咨询师在咨询过程中为来访者设立多个可供选择的目标等，都是帮助来访者确立目标的实用方法。

需要注意的是，帮助来访者确立目标，不等于咨询师设立咨询目标，关键是确立的目标要赢得来访者的认可，并能够激发来访者内心的潜在能量。

2. 溯源心理咨询目标的构成

溯源心理咨询的目标并不是单一的，而是由多个要素构成，主要包括：改善问题的目标，如减少抑郁情绪；有魅力的目标，比如对于一个社交恐惧的来访者来说，"约会并遇到另一半"远远要比怎样克服社交恐惧更有吸引力，设立对来访者更有吸引力的目标，可以更大限度地激发其心理潜力；现实而可评估的目标，具体而可评估的目标，能够让来访者直观感受到自己的进步，从而增强其恢复心理健康的自信心；达成时间具体化的目标，看得见的时间表，对减少来访者心理压力非常有效；排出优先顺序的目标，来访者想要达成的目标往往是多元化的，这就要求溯源心理咨询师通过与来访者的深度交流，排出一个先后顺序，以更好地推动溯源心理咨询的进行。

3. 制定心理咨询规划

凡事预则立不预则废，溯源心理咨询也是如此，制定好心理咨询规划是迈向成功的第一步，也是关键一步。通常来说，根据

咨询周期的不同，心理咨询规划也是有长有短，对于咨询周期较长的来访者，不仅要确立短期咨询目标和规划，还要设置中长期的咨询目标和规划。

那么，如何制定合理的心理咨询规划呢？具体来说，可以分为以下三步：

第一步：与来访者一起探索"可能的自我"来协助来访者发现不同的生活目的、方向和风格，引导来访者发现较好未来的种种可能，帮助其找到发展的方向感。

第二步：协助来访者从"可能"走向实际选择，溯源心理咨询师要做的是设计并加工来访者的目标，把来访者需要和想要的东西转化为成就的表达方式，并把模糊的目标具体化、量化，然后引导来访者挑选出要达成的目标。

第三步：与来访者确认两个问题：想得到什么样的结果；甘愿付出什么样的代价。来访者对目标、咨询过程等都没有异议后，咨询师要协助来访者下定决心并作出承诺，签署来访者承诺书。

在实际心理咨询当中，绝大多数来访者都没有清晰的目标，就像"冻结在最后的自我中"，他们只能看到眼前自己的状况，而无法看到自己可以拥有更多的可能性，溯源心理咨询师制定咨询规划，目的就在于帮助来访者看到千万种精彩未来，协助其走出困境、建立信心、走向光明。

第八节　　做好溯源心理咨询记录

和医生给病人诊疗治病一样，心理咨询也是一件非常严肃的专业事务，需要做好咨询过程的记录。溯源心理咨询记录正如医院的病例一样，是代表溯源心理咨询真实发生的重要依据，每一名心理咨询师每次咨询结束后，都要由咨询师本人完成咨询记录。

总的来说，咨询记录就是关于咨询进程的记录，主要包括：每次咨询开始和结束时间；咨询模式和频率；在咨询过程中做的测试及结果；关于来访者的诊断、功能状态、症状、咨询效果和进程等信息。

需要注意的是，咨询记录中不能出现咨询师本人在咨询中的感受和对个案的假设等信息，此类信息可以写入咨询笔记中，咨询笔记是咨询师本人写下来的仅供自己阅读的记录，没有强制性要求，也没有固定模板，咨询师可以完全根据自己的喜好和习惯来记录。

与咨询笔记只有唯一的阅读者——咨询师不同，咨询记录的阅读人群更广，除了咨询师本人之外，来访者本人及其家人、来访者的律师，咨询师的督导，精神科医生等专业医学团队内部人员，以及其他的获得授权的人士，均有权力查阅咨询记录。尽管咨询记录的阅读人群更大，但保密仍然是心理咨询的基本原则，咨询师务必要严守职业道德，坚持保密原则，妥善保管咨询记录，避免导致来访者个人咨询信息的大范围泄露等。

对于溯源心理咨询师来说，咨询记录是日常工作中的一部分，

每一个心理咨询案例都必须要做好咨询记录。

那么，怎样才能高效率地完成咨询记录呢？下面给大家提供几个非常实用的思路。

1. PAIP

P（Problem），也就是我们通常所说的来访者的主诉，比如焦虑情绪、亲密关系困难等，此部分要尽可能写详细具体；

A（Assessment），即咨询师对来访者问题和咨询过程的评估，溯源心理咨询师要重点寻找其溯源突破口；

I（Intervention），是指干预，简单来说就是咨询师在咨询过程中采取的行动，例如挑战、支持、反馈、布置家庭作业等；

P（Plan），即咨询方案和计划，对于这部分，咨询师要写清楚自己对未来咨询过程的计划，比如短期计划、中期计划、长期计划等，咨询方案也要写详细。

2. SOAP

S（Subjective），意思是主观，也就是指来访者自己的主观总结报告，例如来访者对自己症状的描述，对自己感受的诉说，情绪上的困扰等；

O（Objective），意思是客观，即咨询师观察到的关于来访者的客观信息和测试的结果等客观信息；

A（Assessment），意思是诊断，指咨询师对来访者问题和咨询过程的评估；

P（Plan），意思是心理咨询方案或计划，指咨询师对未来咨询过程的计划。

3. DAP

D（Data），数据，包括来访者个体的数据及其在咨询过程中的表现（关于来访者的主观和客观数据的收集）；

A（Assessment），诊断，包括咨询师对来访者问题和咨询过程的评估；

P（Plan），心理咨询方案或计划，主要是咨询师对未来咨询过程的计划等。

4. GIRP

G（Goal），目标，也就是来访者的长期目标和主诉；

I（Intervention），干预，即咨询师在咨询过程中采取的行动，例如挑战、支持、反馈、布置家庭作业等；

R（Response），反应，也就是来访者对咨询师所采取行动的反应；

P（Plan），心理咨询方案或计划，主要是咨询师对未来咨询过程的计划。

关于咨询记录的方法模板有很多，对于新手溯源心理咨询师来说，不妨先直接照搬他人的咨询记录模版，随着咨询业务能力的提升以及对咨询记录的不断认识，可以在自己用起来最顺手的模板上逐渐建立个人化的选项表，从而简化咨询记录，进一步提高效率。

心理咨询记录表

初次来访日期　　　年　月　日　测试账号：

姓名：	性别：　男　女	出生日期：　　　年　月　日 年　　龄：		
民族：	住址：			
籍贯：	职业：	本人联系电话：		
文化程度：	紧急联系人：	关系：	电话：	
父亲姓名：	年龄：	职业：	学历：	父 母 婚 姻 状 况
母亲姓名：	年龄：	职业：	学历：	良好　一般　离婚　再婚

近3个月里，是否发生了对你有重大意义的事件（如亲友去世、法律诉讼、失恋等）

你现在需要接受帮助的主要问题是：

以上由来访者填写，以下由咨询师填写。

咨 询 记 录

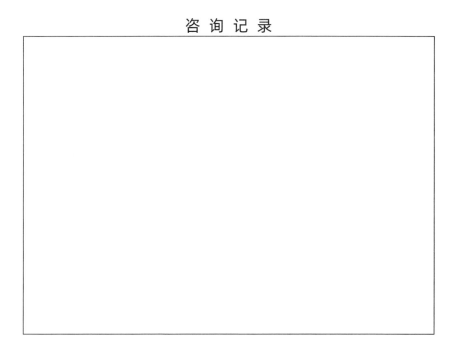

第九节　溯源心理咨询的效果评估

在心理咨询领域，有一个非常有意思的现象——"Hello-Goodbye"效应，即来访者第一次寻求咨询师帮助时，往往会下意识地把自己的心理问题说得很严重，但随着咨询的进行，当来访者感到咨询师"江郎才尽"或双方的信任开始破裂，则不愿意再接受咨询师的心理帮助，这时来访者会表示"感觉好多了"，并声称在咨询的过程中受益匪浅，最后与咨询师道谢后再见。

"Hello-Goodbye"效应的普遍存在，本质上是心理咨询效果

评估所面临的困境。如何确定一个来访者的心理状况好转或痊愈呢？目前，心理咨询领域的效果评估都离不开来访者自己的主观报告。

很显然，仅仅依靠来访者自身感受上的表述来对咨询效果评估，是不客观的、不准确的，因为很多客观因素或原因会导致来访者的报告缺乏可信度，他们声称自己有所好转或已经痊愈了，但事实上可能并非如此。

这就要求溯源心理咨询师在对来访者进行咨询效果评估时，必须采用多维度、多角度的多元化评估体系，以力求咨询效果评估的准确性。

总的来说，评估溯源心理咨询的效果，可以从以下六个方面来开展：

1. 来访者主观评估

尽管来访者主观评估在有些时候存在缺乏可信度的问题，但这一要素依然是咨询效果评估中必不可少的，咨询师可以通过让来访者填写问卷的形式来收集来访者主观评估的相关信息。

2. 咨询师主观评估

咨询师主观评估，是指咨询师就来访者在接受心理咨询的不同时间段，对来访者所获得的改变的主观判断，和来访者主观评估一样，属于整体评估。咨询师主观评估也不宜作为单一的评估标准使用，因为过度自信的咨询师往往会把来访者的改变夸大。

3. 来访者家属、周围人主观评估

每一个来访者都有其社会关系，咨询师可以通过电话联系、问卷调查等方式收集来访者家属、周围人的主观评估，作为评估

整体咨询效果的一部分。

4. 心理测量结果

心理测量是相对最容易量化的指标，也是最容易操作的评估方法。溯源心理咨询师要有计划、有目的地在来访者咨询的不同阶段对其进行心理测量，并做好心理测量结果的比对工作，以便为整个持续性咨询过程的效果评估打好基础。

5. 心理问题的发生频率

很显然，心理问题的发生频率与其严重程度息息相关，一般来说，心理问题的发生频率降低即意味着一定程度的好转，因此咨询师可以通过记录来访者心理问题的发生频率来评估心理咨询的效果。

6. 来访者社会功能变化

一个心理健康的人，具有完整的社会功能，能够正常学习工作，可以融洽地与周围人相处，能有效控制自己的情绪和行为等，咨询师可以通过来访者社会功能方面的变化来评估咨询效果，比如原本无法正常工作的来访者，在咨询一段时间后又可以坚持正常上班了，则说明咨询效果比较显著。

总的来说，以上六个咨询效果评估的方法，各有优缺点，都不建议单一使用，也不适宜作为心理咨询效果评估的唯一标准。来访者的心理活动一直处于动态变化之中，溯源心理咨询师在进行咨询效果评估时，还要注意动态跟踪来访者的实际情况，持续性地追踪心理咨询的效果。

第十节　溯源心理咨询个案的转介

世界上没有包治百病的神药，也没有能解决所有心理健康问题的咨询师，溯源心理咨询师也不例外，本着对来访者负责的态度，当发生以下任何一种情形时，溯源心理咨询师应该按照规范化的流程对咨询案例进行转介。

一是溯源心理咨询师由于工作安排改变或身体健康等原因，无法再继续完成来访者的个人咨询时，应提前把个案转介给其他咨询师。

二是在咨询过程中，发生了不利于咨询进行的因素，或溯源心理咨询师感到无法完成咨询时，应及时将个案转介给其他咨询师。

三是发现来访者的情况超出了溯源心理咨询的范围，需要介入医学药物治疗等，应及时将来访者转介给相关专业医疗机构。

四是来访者自己要求更换咨询师或心理咨询机构时，溯源心理咨询师要尊重来访者的个人决定，并将其转介给其他咨询师。

五是咨询师在初步了解来访者情况后，认为自己的业务能力并不擅长解决其问题时，应及时将其转介给更合适的咨询师。

六是当来访者迁居到其他地区或城市居住时，咨询师可以与来访者协商或是将咨询转为电话或线上咨询，或将其转介给所在地的其他咨询师。

溯源心理咨询个案的转介，要遵循来访者自愿的原则，在转介前要和来访者坦诚地说明转介的原因，争得来访者同意后，要填写心理咨询个案转介相关的登记表格，说明来访者的基本信息以及情况等，并把该个案的咨询记录一起转介给其他咨询师。

美国心理学会在心理学家伦理守则中明确了"转介与收费"问题，其中规定，如果两名心理师之间没有雇佣关系，那么相互之间的金钱来往（包括一方支付给另一方、一方从另一方收到款项，以及双方对一笔款项进行分成）应按照每人所提供的服务进行分成。

也就是说，"转介"本身是不能收费的，收取费用的做法属于违背心理咨询师职业道德和底线的行为。

溯源心理咨询师在转介心理咨询个案时，一定要确保自己的转介是符合咨询伦理的。那么，怎样做才是合乎伦理的呢？

一是要充分尊重来访者的知情权，详细充分地向来访者说明转介的原因、理由等，关于转介推荐的咨询师情况以及收费标准等，也要向来访者说明，让来访者充分知晓情况；二是要充分尊重来访者的选择权，咨询师不可以强制或半强迫地要求来访者转介至某个咨询师，对于来访者是否接受自己的转介推荐可提出建议，但不应干涉其作出选择。

当来访者不接受咨询师的转介推荐时，也可以由来访者本人或家属自行寻找合适的咨询师或咨询机构等，并将相应信息告知咨询师，咨询师按规范为来访者办理转介相关的手续。需要注意的是，心理咨询个案转介后，并不意味着咨询师的全部工作到此为止，作为一名负责任的溯源心理咨询师，在个案转介后，也要定期关注来访者的情况，以便为其提供力所能及的帮助。

此外，在实际心理咨询个案的转介中，溯源心理咨询师往往还会遇到一些难以解决的问题，比如怎样界定自己与来访者是否

溯源心理学

不合适到了必须转介的程度，自己的价值观与来访者产生严重冲突时是不是应该立即转介等，对于这类疑难问题，如咨询师无法自行解决时，可寻求督导的帮助。

第五章

溯源心理在
神经症性障碍咨询中的应用

第一节　　溯源心理咨询的原理

神经症性障碍的发生通常与不健康的心理素质和人格特性及社会心理因素有关，饱受困扰者对其具体表现感到痛苦和无能为力。19世纪后期，弗洛伊德提出了神经症性障碍源于内部心理冲突的观点。经典精神分析法在应对神经症性障碍时需要漫长的时间，有时甚至长达数年，虽效果不错，但存在周期过长的缺点。

具体来说，经典精神分析法，即便一个短程的精神分析咨询，也需要30~40次，虽然精神分析法疗效彻底，但在具体操作过程中，饱受神经症性障碍困扰的来访者很难快速得到缓解，躯体的不适会对来访者的心理及社会功能造成很大妨碍。

溯源心理咨询是借助国内外处理神经症性障碍比较成熟有效的方法，如认知技术、行为矫正技术、合理情绪法、芳香调理技术、催眠技术、运动法、放松技术以及冥想等，结合我国的地域文化及生活习俗，提炼整合的一套心理咨询方法，不仅可以有效缓解神经症性障碍，且所需时间远远要比经典精神分析短得多，还更符合国人的心理状况和思维习惯。

溯源心理咨询的原理，并不复杂，本质上是通过心理测试，充分搜集求助者的心理、生理以及家庭、社会背景等资料并进行分析，找出来访者的心理活动及生活事件带来的心理冲突，然后针对来访者的性格特点，制定个体化咨询方案，使其认识了解自己生理方面的症状与内在心理冲突之间的联系，使求助者对自身情感和行为得到积极认知，学会通过外在调整、内在认知不断提升将这些方法用于生活实践。

心理咨询实践表明：来访者经过一个阶段溯源心理咨询的辅导，情绪的稳定性明显提高，心理困扰以及躯体症状有明显的好转和改善。

"溯源"的目的在于帮助来访者做到把控自身的情绪，克制自己对外界的苛求及偏激的心态，借由"溯源"层层反观自心，不断"向内看"，最终达到解除来访者的困扰及内心痛苦、冲突的目的。

神经症性障碍的发生，原因较为复杂。生活和工作压力的增大，导致神经症性障碍的发生率逐年上升，工作中以及生活中的压力，没有得到释放，就会导致不良情绪的发生，而长期不良情绪的堆积，则会对心理健康造成威胁。从这个角度来说，及时释放心理压力对人的心理健康具有十分重要的积极意义。

溯源心理咨询，旨在从多方面使来访者的身心得到放松，缓解内心压力，改善和提高生活质量。世界的一切问题，归根到底，都是人的问题，对自我和世界的错误设定，才是所有烦恼和痛苦的根源，无论从宏观到微观，世界再大你所感知的和你有关的也只是你的世界，所以最需要认识的不是其他，而是我们的"心"，如果认识不到心性，对世界的认识也必然是局限的，甚至是错误的，于是内心的冲突也就不可避免。

溯源心理咨询无论使用哪种技术，都是引导来访者不断反观

自心、认识自我、成就智慧，通过一路"溯源"，获得安心之本，有效地改善来访者的负性情绪和心理问题。

第二节　　神经症性障碍与放松技术

进入 21 世纪，我国社会的发展速度越来越快，与此同时人们的生活和工作节奏也显著加快，加之互联网快速发展带来的"信息大爆炸"，人与人之间的社交由熟人社会逐步变成"生人"社会，伦理道德观念也在随着社会的发展而更新，这都会给我们带来心理上的压力。

面对这些心理压力，绝大部分人适应良好，但也有一部分人，出现了焦躁不安、紧张、灰心、无精打采、失眠、强迫等心理亚健康状态，进而引起生理和心理反应，近年来神经症性障碍的高发态势与大众心理压力的增加不无关系。

人体在应激情况下，会产生生理反应，主要包括两方面：一是肾上腺素反应，表现为交感神经活动增强，肾上腺髓质释放儿茶酚胺增加而致血压增高、心率加快、呼吸加速、肌张力增高等；二是垂体—肾上腺皮质反应，会促使肾上腺皮质激素（ACTH）大量分泌，ACTH 等肾上腺素皮质的分泌活动可以起直接效应，使糖皮质激素的分泌增加，从而引起一系列生理反应，如抑制炎性反应、对抗过敏反应、血糖升高等。

人体在应激情况下，还会引起心理反应，可分为两类：一类是干扰应激能力的反应，如过度的焦虑、情绪激动等；另一类是由此引起的认知和自我评价障碍。

神经症性障碍的发生与人体长期处于应激状态有关，溯源心理咨询认为，放松技术可以快速有效地缓解神经症性障碍带来的不适。

放松训练技术有很多种，比如印度的瑜伽术、日本的坐禅、德国的自生训练、超然沉思、内观放松法等，这些放松训练方法对于缓解神经症性障碍的不适都有一定作用，但都需要来访者接受系统培训，需要反复体会学习，才能掌握放松的技巧，对于初学者来说比较复杂。

溯源心理咨询综合现有的放松训练技术以及中国人的心理特点，专门总结出了一套方便、实用的放松方法，尤其适合初学练习者，很容易学习掌握，持续练习，效果显著。这一放松技术是溯源心理咨询的独特创新，不仅可以使初学者尽快掌握，将身体和精神放松相结合，对减轻负性情绪、减轻躯体症状，帮助很大，还能够让人在身体肌肉放松的同时进行呼吸及观照的练习，使情绪反应与调节能力逐渐稳定。

那么，溯源心理咨询提出的放松技术，具体是怎样来放松的呢？具体做法又是怎样的？

首先找一个舒适的位置坐下，以自己舒适的方式为好，可以是端坐、盘坐，也可以平躺。

如果是坐姿，身体坐直很重要，可以选一个正前方外在的目标物，双眼微闭看着它，或双眼微闭，看着自己的鼻尖，双肩自

然下垂，双手交叠放在下腹中间位置，舌尖轻抵上颚，下颌微收，吸气时感受气息经过鼻腔的凉意，吸气饱满，下达腹腔，腹部隆起；呼气时腹部回落，慢慢将气吐出，感觉温暖的气流一点点经过鼻腔呼出体外，在一吸一呼间感受身体深处的宁静。

如果是平躺，双手可以自然地放在身体两边，其余方法与坐姿相同。人在婴儿时期肺还没有发育完全，必须腹式呼吸才能吸进去足够的氧气，而当人长大了，浅呼吸就足以吸入足够的氧气，因此慢慢摒弃了腹式呼吸。当我们平躺时，自然就是腹式呼吸的状态，只需舌尖轻抵上颚，面部放松，意识随吸气、呼气连接在一起，这种缓慢、细长、均匀的呼吸可以使我们的身体和意识很快放松下来。

缓慢、细长、均匀的腹式呼吸，能让紧张的交感神经安定下来，让负责放松的副交感神经发挥作用，当身体逐渐安定下来，自然而然的身体不再紧绷，于是躯体酸困的状态得以有效改善。

腹式呼吸会让腹腔压力发生改变，可以使胸廓容积增大，胸腔负压增高，由于腹腔压力规律性增减，腹部内脏活动加强，能够改善消化道的血液循环，促进肠蠕动及消化吸收功能。

溯源心理咨询提出的这种腹式呼吸放松技术，每次只需10～15分钟，经过一两次练习就可以熟练掌握，且这种放松技术使用场景丰富，无论走、坐、卧都可以练习，午休时、下午茶时间、乘坐公交地铁时都可以进行练习。

总体来说，放松技术主要有三大类：以身体放松为主的技术，如渐进性放松、按摩等；以精神放松为主的方法，如引导想象、沉思冥想等；身体放松与精神放松相结合的技术，如生物反馈放松训练等。

溯源心理咨询提出的腹式呼吸放松技术，属于身体放松与精神放松相结合的放松技术，强调生理、心理调节作用的互动，与其他身体放松与精神放松相结合的技术相比，具有应用场景丰富、不需借助特殊设备或工具、易学可快速掌握、简单有效等优点，是缓解神经症性障碍不适的好方法。

第三节　　神经症性障碍的芳香调理技术

芳香调理技术并不是近代心理学领域的产物，其前身是药草调理法，可以毫不夸张地说，这是人类历史上最古老的祛病方法之一。几千年来，人们一直将香料植物当作重要药材，通过燃烧某些具有芳香气味的植物产生的烟和香气，作为祛除疾病的手段，此外不管是东方还是西方，熏香（烧香）都是宗教仪式中不可或缺的重要环节，人们把芳香植物作为祭礼，表达对神明的敬重。

在蒸馏萃取精油技术出现并成熟后，使用精油开展芳香调理技术逐渐成为主流，精油可由 50～500 种不同的分子结合而成，某些精油能调节人体器官的内分泌，促进荷尔蒙分泌使人体的生理及心理活动获得良好的发展。

从心理健康层面来说，借助精油开展的芳香调理技术对缓解神经症性障碍的不适具有显著效果。精油中的芳香物质可以通过

感知气味的嗅球立刻作用于人体的精神、情绪，不仅可以帮助人们克服焦虑、猜疑和恐惧的情绪，也可以使人们更加坚定、自信和富有创造力。精油中的芳香物质可以通过吸收、按摩、洗浴等多种方式被人体吸收，适合在不同的情境下重新安定自我。

借助精油开展的芳香调理技术，之所以能够对神经症性障碍起作用，主要是通过以下途径实现的：鼻子正上方的嗅球其实是大脑的一部分，是"脑边缘系统"的延伸，脑边缘系统一词来自拉丁语的"limbus"，意为"边界"，是大脑皮层形成的一个环状平台，边缘系统是人类情感、性感觉、记忆和学习的家园，芳香物质对嗅觉的刺激能够将人类情感、性感觉等都激发出来——甚至在潜意识中，脑边缘系统是自主和非自主神经中心之间的联结，同时联系左脑和右脑，精油分子的体积很小，且具有亲脂性，通过嗅球，精油可以直接进入这一系统，因此能够穿过血脑屏障进入大脑。

严重的焦虑情绪可以出现多种多样的躯体症状，如"胃肠道症状"，腹痛、腹胀、恶心、呕吐、大便异常等；呼吸循环系统症状，如气短、胸闷、胸痛；泌尿生殖系统症状，如排尿困难、尿频等；生殖器或周围不适，皮肤不适，麻木、刺痛等。在排除躯体疾病及精神分裂症等疾病的情况下，使用纯天然植物精油，能使人们驱散消极，提高积极乐观的情绪。

不同的精油其作用也不同，溯源心理咨询师可以针对来访者不同的情绪及躯体症状，选用不同的复合配方。在神经症性障碍的缓解和改善方面，常用的复合配方主要有以下多种。

A 改善焦虑

有助于缓解焦虑的精油主要有：佛手柑、薰衣草、橘、檀香、罗马洋甘菊、岩兰草、雪松、苦橙花、大马士革玫瑰、香蜂草、天竺葵、杜松、乳香、广藿香、快乐鼠尾草。

紧张型：全身紧张、肌肉疼痛、全身疼痛

配方：快乐鼠尾草 10 滴，薰衣草 15 滴，罗马洋甘菊 5 滴

不安：好动、虚汗、心悸、头晕、激动失语、尿频、腹泻、胃部不适

配方：岩兰草 10 滴、杜松 10 滴、雪松 10 滴

忧虑：焦虑不安、担忧、纠结、过度担心、神经质、有不祥预感

配方：佛手柑 15 滴，薰衣草 5 滴，天竺葵 10 滴

压抑：苦橙花 10 滴，大马士革玫瑰 10 滴，佛手柑 10 滴

以上配方可加入 30ml 基础油稀释、按摩或滴入纸巾吸入及利用扩香器等。

B 改善抑郁

缓解抑郁的常用精油有：柠檬、佛手柑、葡萄柚、甜橙、茉莉、依兰、大马士革玫瑰、摩洛哥玫瑰、苦橙花、天竺葵、永久花、尤加利、檀香、快乐鼠尾草、马郁兰、薰衣草、乳香。

经典配方：

轻度抑郁：檀香 15 滴，天竺葵 10 滴，依兰 5 滴

中度抑郁：天竺葵 24 滴，罗马洋甘菊 2 滴，安息香 5 滴

重度抑郁：大马士革玫瑰 10 滴，苦橙花 2 滴，檀香 3 滴

上述复方可用 30ml 基础油稀释按摩，也可使用室内扩香器、

沐浴、吸闻等。

C 改善恐惧

对改善恐惧情绪有帮助的精油有：檀香、罗马洋甘菊、丝柏、岩兰草、柠檬、佛手柑、甜橙、雪松、苦橙花、摩洛哥洋甘菊、罗勒（不适合沐浴）、乳香、快乐鼠尾草、薰衣草、白松香。

常用配方：薰衣草 10 滴、乳香 5 滴、永久花 10 滴、马郁兰 5 滴

上述复方有助于镇静作用，可用 30ml 基础油稀释按摩，室内扩香，吸闻、沐浴。也可将上述单方随身携带，从瓶口直接吸闻或滴在纸巾上吸闻。

D 改善失眠

常用精油：薰衣草、橘、菩提花、快乐鼠尾草、马郁兰、岩玫瑰、缬草、蛇麻草、岩兰草、罗马洋甘菊、檀香、柠檬。

配方：① 薰衣草 15 滴，罗马洋甘菊 5 滴，橘 10 滴；② 罗马洋甘菊 10 滴、檀香 15 滴、柠檬 5 滴；③岩玫瑰 5 滴、薰衣草 15 滴。

以上配方可用 30ml 基础油稀释按摩、室内扩香、沐浴、吸闻等。

E 集中注意力

有效集中注意力的精油有：柠檬、罗勒、山鸡椒、豆蔻 C、佛手柑、甜橙、雪松、迷迭香、尤加利、薄荷。

常用配方：柠檬 20 滴、罗勒 6 滴、迷迭香 2 滴、薄荷 2 滴

除罗勒不适合沐浴，其他精油都可加入 30ml 基础油中稀释，室内扩香、按摩、吸闻。

F 保持积极心态

有助于保持积极心态的精油有：罗勒、柠檬、葡萄柚、檀香、

松、广藿香、岩兰草、杜松、丝柏、豆蔻、苦橙叶、天竺葵、乳香、
迷迭香、多香果、月桂。

经典配方：① 天竺葵 10 滴、多香果 8 滴、月桂 8 滴、乳香 4
滴；②檀香 10 滴、松 5 滴、丝柏 5 滴、苦橙叶 10 滴

以上精油除罗勒不适合沐浴，其他精油均可同前使用。

溯源心理咨询师在使用芳香调理技术时，要特别注意以下禁
忌。

1. 酮类精油

酮类有镇静安抚的功能，能使人神志、精神开阔，对于中枢
神经系统和周边神经系统的协调性具有正面的影响，可溶解脂肪
和黏液，促使疤痕组织和伤口愈合。但酮类是精油中最具毒性的
化合物。酮类分子对身体各系统有非常强的作用，一般来说，含
有大量酮类的精油毒性都太强，不适合芳香调理技术使用，它们
可能会毒害中枢神经系统引起流产或引发癫痫症。低剂量的酮类
分子具有好的功效，如刺激免疫系统、杀死真菌等，但通常有更
安全的精油可供选择。

精油中属于酮类的成分有：艾草精油、鼠尾草精油、侧柏精
油中的侧柏酮；樟树精油、肉桂精油、艾草精油、穗花薰衣草精
油中的樟脑；藏茴香精油、欧薄荷精油和其他精油中的香芹酮；
胡薄荷精油中的胡薄荷等。牛膝草精油中的松樟会导致癫痫症发
作。如果看到某种精油中含有上面这些成分，基本可以判断它是
一种非常危险的精油。

关于酮类精油，一般来说，鼠尾草、樟树、头状薰衣草、牛
膝草等含酮量比较高，茴香、迷迭香、穗花薰衣草、醒目薰衣草、

薄荷等其实酮类含量不高，低剂量外用是安全的，只有口服时必须谨慎。

2. 精油的使用禁忌

马郁兰精油处理疼痛特别有效，尤其是消化问题和月经异常引起的下背部疼痛。它能够促进血液循环，对风湿痛与肿大的关节有益，特别是感觉冰凉和僵硬的疼痛，是心脏的补药，能够安抚消化系统，有益于缓解胃痉挛、消化不良、便秘、胀气。在生殖系统方面，马郁兰精油能够调节月经、减轻痛苦、抑制性欲。此外，马郁兰精油消除瘀血的作用极富价值，这是因为它能够扩张微血管，使血液流通更顺畅。气喘者、低血压者、忧郁症者要小心使用。

如果鼠尾草精油的毒性困扰着你，你应该考虑快乐鼠尾草精油，因为它与鼠尾草精油的功效较相似，且没有副作用。在孕期要避免使用，高血压和癫痫症患者也要禁止使用。

鼠尾草精油不宜长期使用；有癫痫症倾向者勿用快乐鼠尾草精油；快乐鼠尾草精油对部分人可能引起睡意，故勿将快乐鼠尾草精油于酒类搭配调和，忌勿开车前使用快乐鼠尾草精油。快乐鼠尾草精油是很好的壮阳催情剂。最好在月经周期的前半段使用，如果在后半段使用，有时会引起大量出血。

α侧柏酮主要来自快乐鼠尾草和艾草中，在高等级的杜松浆果、快乐鼠尾草中也有少量。癫痫禁用侧柏酮类精油，会导致癫痫发作，抽搐痉挛。孕妇禁用，因其通经效果会直接导致流产。β侧柏酮主要来自楠木蒿，在高等级的迷迭香、杜松浆果和快乐鼠尾草中也含有少量。

甲基侧柏酮，主要来源于侧柏精油。侧柏酮一直是苦艾酒的重要成分，少量能使人产生朦胧的快感，激发大脑的潜能。直接口服侧柏酮是非常危险的，高浓度口服会直接导致精神异常、产生幻觉、神经过度兴奋或混乱。

患有高血压、癫病症、神经及肾脏方面疾病的人请小心使用某些精油，如丝柏、迷迭香等。

此外，高血压、癫痫患者、孕妇慎用迷迭香精油；高血压、癫痫患者不能使用茴香精油、尤加利；癫痫患者也不能使用快乐鼠尾草精油、鼠尾草精油、牛膝草精油、苦艾精油。肉桂不适合涂抹皮肤，最好用吸入法。

总的来说，芳香调理技术对于缓解神经症性障碍具有显著作用，但溯源心理咨询师在给来访者选择精油配方时一定要注意安全，以免给来访者造成不必要的伤害。本书的推荐在于分享与推广作者自身的经验，但年龄、身体状况存在个体差异，如使用过程中有任何不适，请立即停止使用。本书不是医学参考书，在不了解精油使用安全前，若有使用错误，作者和出版社不承担法律责任。切勿将未稀释的精油原液涂抹皮肤或者口服使用。高龄人士、孕妇、哺乳期妇女、婴幼儿和孩童，或者正在使用其他药物的患者，有重大疾病的患者以及半年内接受手术治疗的患者，请遵医嘱，或咨询医生后再使用芳香疗法。本书作者及出版社，对于使用精油所产生的过敏等健康问题以及任何损失，无须承担任何法律责任。

第四节　　神经症性障碍的食谱推荐

人的情绪、心理甚至性格与饮食习惯、营养摄入有着密切关系，不同的食物中有不同的营养成分，这些不同的营养成分进入人体后，对各个器官的内分泌会产生不同的影响，进而影响人体神经系统，对人的情绪活动、心理活动等产生影响。

神经系统直接或间接地控制着人体所有其他系统，其最重要的职责之一就是调节免疫功能，免疫系统在乐观积极的精神状态下更为活跃健康，神经系统的紊乱会直接影响其调节免疫的功能，进而造成如失眠、头痛、情绪低落等躯体症状。

不良应激会对人体的健康造成威胁和损害，在精神压力或感染等情况下，血液里荷尔蒙的浓度会发生变化，皮质类固醇是由肾上腺分泌的一种特殊的荷尔蒙，一旦产生过多，会给神经系统带来影响。

除不良应激之外，不均衡不适当的营养也会使免疫细胞功能减退，越来越多的研究证明：完整的植物性食物含有增强免疫力的营养——如：抗氧化剂、植物营养素和多糖体。

黑巧克力、山核桃、蓝莓、草莓、枸杞、覆盆子、羽衣甘蓝、红色卷心菜、豆类、甜菜、菠菜都含有丰富的抗氧化剂成分，可以帮助人体增强免疫力，茶叶中抗氧化剂的含量也很高，但茶叶中咖啡因含量较高，要避免喝过量的浓茶。

植物营养素，即存在于天然植物中对人体有益处的非基础营养素，比如多酚类、番茄红素、胡萝卜素、生物碱、黄酮类等，每种植物所含的植物营养素都不相同。多吃不同种类的水果和蔬菜，对增强人体免疫力有帮助。

多糖体是一种长链糖，动物和植物中都含有多糖体，植物中如菇类中的多糖体成分较纯，能够活化免疫细胞。

神经症性障碍不宜过多食用动物性食品，这是因为动物性食品中含有大量动物性蛋白，过多食用会降低抵抗力。动物类食品中含有前列腺素，这种动物性荷尔蒙会抑制免疫功能，而各种植物营养素具有不同功能，摄取越多种类、含量越高的植物营养素对身体越有益处。

压力会导致人体内分泌失调，引起消化不良的症状，使消化系统无法正常排出体内堆积的毒素，影响营养的吸收。冬瓜、胖大海和金银花可以有效抑制有害的细菌，使体内保持洁静并祛除毒素，适合压力过大的神经症性障碍者食用。

建议神经症性障碍者，每天摄入 5~9 份或 400 克不同种类的水果和蔬菜，而肉类食物不要超过 80 克至 90 克。建议每日饮水量 2000~2500ml。

神经症性障碍的具体表现不同，溯源心理咨询师也应该根据其不同的情况，为其推荐不同的营养食谱。

情绪不稳、容易冲动的神经症性障碍者，咨询师可以建议多吃含钙质的植物，如小松菜、芹菜、甘萝卜，加以海带之类，可以有效减少心火，于情绪有利。

对于易激惹的神经症性障碍者，咨询师应建议在饮食上以清淡为主，过多摄入盐分或者糖分都会导致脾气暴躁，少吃零食对改善情况也有一定帮助，可以多吃海带、豆类、桂圆、蘑菇、核桃等食物。

对于饱受烦躁困扰的神经症性障碍者，不妨多吃富含钙、磷的食物，当人体缺乏钙质时会引起机能紊乱，及时补钙可以改善心情烦躁的情况。钙是天然镇静神经、平和情绪的稳定剂，富含钙的花生、大豆、鲜橙等都是不错的食物选择。

当人体缺乏色氨酸时，很容易诱发抑郁等心理问题，表现为忧郁、伤感的神经症性障碍者，可以多补充富含色氨酸的食物，如花豆、黑大豆、南瓜子仁等。另外，也可以吃一些含有色氨酸的水果，像香蕉、葡萄、苹果、柳丁等都可以帮助改善消极的情绪，让人变得轻松愉悦。

饱受孤独感、无助感困扰的神经症性障碍者，宜多吃热带水果以及辣椒等富有强烈刺激的食物，有助于激发其积极情绪，改善其情绪低落的现状。

需要注意的是，神经症性障碍不能通过饮食调节而完全康复，饮食调节只能作为溯源心理咨询的辅助手段来使用。

第五节　　神经症性障碍的运动法

生命在于运动，运动对于身体健康的积极意义，人尽皆知，实际上运动不仅能够帮助我们保持身体健康，对于缓解神经症性障碍等心理问题也有不错的效果。

人类的大脑是由神经元、突触和神经递质控制的超级计算机。

每个人的大脑中都有超过 1000 亿个神经元，这些海量的神经元之间通过电化学信号相互沟通，我们的整个大脑和行为都是由神经元相互交流的效率所控制的，一旦神经元之间的交流沟通受到了损伤，就会导致精神健康障碍。也就是说，神经递质对于我们的精神和心理健康至关重要，过多过少都会对人的大脑产生负面影响。

21 世纪以来，神经科学家一直在研究运动在改善情绪方面的作用。目前对运动神经科学的研究表明，运动不仅能使人的肌肉恢复活力，还能永久性地改变人的大脑化学成分。运动对情绪、注意力和记忆力都有很好的益处。

那么，运动对心理问题的缓解和改善，究竟是怎样实现的呢？

总的来说，运动对情绪方面的作用，主要通过以下两方面来实现：

一是运动会促使人体产生更多的多巴胺、血清素、谷氨酸和GABA。多巴胺是一种化学物质，可以让我们感受到快乐、愉悦；血清素与幸福感和记忆力相关，可以增强人的幸福感和记忆能力；谷氨酸在学习、记忆和神经可塑性方面发挥作用；GABA 在情绪处理中起作用。

二是，运动能改变大脑的特定区域，如杏仁核、额叶皮层等。

额叶皮层是大脑中与情绪调节相关的区域，运动可以增加额叶皮层的血流量，少量的运动就能够立即改善情绪，短暂而适度的有氧运动可以有效减少抑郁、愤怒和困惑等情绪，并提高人的决策能力。长期坚持运动可以增加额叶皮层的体积，从而增强人的情绪调节能力和抗压承受力。

　　杏仁核是大脑控制恐惧的关键中心，杏仁核紊乱会增加痛苦和焦虑情绪。有研究表明，在啮齿动物中，有氧运动可以缓解杏仁核功能的失调。这也充分表明，运动有助于减少压力对情绪的影响。

　　此外，运动还能改变大脑产生和使用神经递质的方式。大脑功能区域的变化会影响多巴胺和血清素的通路。当我们的大脑产生更多多巴胺等化学物质时，幸福感和满足感就会增加。坚持运动，会对大脑产生持久影响，从而有效增强我们应对突然压力的能力，减轻因压力导致的心理问题。

　　运动与心理状况的改变密切相关。体育运动不仅可以锻炼意志品质，对高度焦虑和忧郁的调节作用也是非常显著的。在国外，运动因其易自我执行、副作用少，正日益被广泛用于预防和缓解心理问题。

　　适当的运动可以调节心理活动，分散神经症性障碍者的注意力，缓解因心理问题造成的紧张、焦虑等情绪。溯源心理咨询师可以借助运动法来改善来访者的心理症状和表现，那么，具体来说要怎么做呢？

　　对于没有运动习惯的来访者，建议其每日行走2~4公里，尽量在晚上11点前睡觉，保持合理规律的作息习惯。

　　对于有一定运动基础的来访者，溯源心理咨询师可以先了解来访者的身体素质以及运动方式、运动频率等相关情况，并在来访者常规运动的基础上，给出运动的相关建议，一般来说，运动量和运动频率可以比来访者日常的运动大一些。

　　需要注意的是，采用运动法来改善神经症性障碍，一定要充分考虑来访者的身体情况，倘若患有严重身体疾病无法运动，或有不适宜运动的其他情况，则最好选择其他辅助手段。此外，神经症性障碍的运动法既可以作为辅助手段单独使用，还可以与音乐等心理辅导技术同步使用，比如让来访者在坚持完成一定运动量的同时，聆听指定的有益于心理健康的音乐等。

第六节　心之溯源，回到本源

世界观决定我们如何看待这个世界，人生观决定我们如何看待自己，价值观决定我们如何作出选择，三观的养成直接影响我们的整个人生。

从对世界和人生的认识中梳理出的无数价值体系，会灌注到我们每一个决策中。在今天，人类彼此互相依存的关系越来越密切，人与人之间的距离越来越小，这就意味着，如果人生不加强自我修养，我们会感到越来越不自由、不自在。

思维总是喜欢分类和作比较，这往往会使我们远离了真实的自我。大小、长短、有无、好坏、生死、动静等，我们的"心"不停地攀缘在这些事相上，永不停止，于是烦恼也就来了，各种各样的心理问题也就产生了。

事实上，使我们产生心理困扰的并非问题本身，而是我们内心深处对问题的想法，"心"到处乱跑、东蹦西跳，就像尾巴着

了火的猫一样，完全失去控制；烦恼的波涛就会漫天汹涌，当念头和烦恼生起的时候，我们便无法看清任何事物的本质，便会陷入心理的漩涡，无法摆脱也不能解脱。

人生在世如身处荆棘林中，心不动则人不妄动，不动则不伤；如心动则人妄动，则伤其身痛其骨，于是体会到世间诸般痛苦。树欲静而风不止，我们每个人都希望能够保持"心"不动的状态，不以物喜、不因己悲，如此一来，即便是遭遇了大风大浪，依然能够保持我心清明，但在现实生活当中，总有能够牵动我们心神的事情发生，或悲或喜，或乐或伤，于是我们便身不由己地陷入情绪的魔障，进而心灵受伤。

风吹幡动，非风动，非幡动，仁者心动。心动则万物动，心静则万物止，天下万事万物在流动，无时无刻不在发生变化，在动与静之间如何寻求一个平衡？在熙熙攘攘的尘世，要想让内心不为外物所动，保持内心一片纯净，不妨借助心之溯源，让一切都返璞归真，让一切纷繁复杂的事务都回归本源。

心之溯源，是保持内心坚定的"定海神针"，任凭外界如流水般冲击，风动云流时光冲刷，我心依然，万物遍身而过，不留下半点伤痕。

心之溯源，旨在让我们保持生命的本真。每个人都是赤裸裸来到人间，然后经历无数洗礼，在磕磕碰碰中成长，进入成人物欲横流的世界，最后离开人间时带不走任何东西，这是每个人都会经历的一生，但绝大多数人，都会在路上迷失在物欲中，欲望起，烦恼生，心动则妄动，于是心灵受伤也就在所难免。心之溯源，回到本源，让我们用最本真的视角去看待周围的人与事，你会惊喜地发现，世界本没什么烦恼，所有的烦恼无非是人自招而来。

绝大部分人，在追寻确定性的时候，都会走到一种极端：相信自己对事物的看法确实存在，内心充满期望和恐惧，这就是我们受苦的元凶。一旦有一种很具体的追求，就一定会产生患得患失感，就失去了一种冷静的态度，往往一个人的处境就在一念当中会出现完全相反的两种前途、两种命运。当下的"一念"，在我们生命的关键时刻决定了我们生命存在的现实，人生可以把握的不是过去，不是未来，只有每一个当下。

心之溯源，回到心的本源，那么一切事物也将回到本源，用心的本源去接触外在事物的本源，就远离了烦恼。

"净虑"可以使我们的心回到本源，心之溯源以净虑的方式使我们的心不再散乱、执着，进而从痛苦的思维中解脱出来。

第七节　　溯源心理咨询案例

一、来访者基本情况

于某，女性，37岁，本科学历，全职妈妈，女儿11岁，近半年常常头晕、头胀、失眠、胸闷、全身酸困，常对爱人及孩子发脾气，自尊心强，敏感。家族中无精神病史，曾到医院就诊，诊断为焦虑性神经症，曾使用药物效果不明显，担心药物的副作用，不愿意继续在医院就医。

二、来访者心理测试分析

请来访者使用症状自评量表（SCL-90）进行心理测试，测试结果为：

躯体化：2.3

强迫症状：1.4

人际敏感：2.2

抑郁：1.0

焦虑：3.1

敌对：1.45

恐怖：1.63

偏执：1.1

精神病性：1.60

其他：2.3

总分 193，阳性项目 47 个，总分大于 160，阳性项目数大于 43 个，躯体化、人际敏感、抑郁、焦虑等因子分大于 2 分。

焦虑自评量表（SAS）测评为 65，简明精神问题量表（BPRS）测试结果为 47>35，贝克抑郁自评量表（BD1）测试结果为 13，伯恩斯抑郁量表测试结果为 11。结合心理测评结果，符合焦虑性神经症。

三、溯源心理咨询目标与方案

与来访者协商制定咨询目标与方案，来访者自愿接受一个阶段 12 次心理疏导，双方签订咨询协议书、承诺书。

近期目标是：缓解来访者紧张情绪、改善心情、减轻压力，帮助来访者学会以更有效的方式去应对生活中的事件。

远期目标是：使来访者完善个性，提高应对各种生活事件的能力，形成正确的自我概念，对溯源心理咨询有完整、深刻的认识，并能够借助溯源的方法解决部分心理困扰。

四、溯源心理咨询过程

第一次咨询：引导来访者做心理测试，并对测试结果进行分析，就咨询目标和方案的制定与来访者协商且达成一致，并建立咨询关系。

第二次咨询：通过会谈的方式，详细了解来访者的实际心理感受，并引导其溯源困扰产生的根源，与来访者探讨其思维中存在不合理信念与情绪困扰之间的关系，引导其领悟合理信念。

第三次咨询：引导来访者学习放松技巧，通过放松来有效缓解来访者的症状和不适感，教会来访者溯源心理的呼吸及放松技巧，练习 15~20 分钟。

布置家庭作业：

1. 每日早、晚在家做 2 次呼吸及放松练习，每次 15~20 分钟。

2. 配合使用芳香调理技术，用 30ml 椰子油加入 10 滴快乐鼠尾草、15 滴薰衣草、5 滴罗马洋甘菊用于扩香涂抹或吸闻，每日 2 次。

3. 制定运动计划，每周游泳 2 次或每日散步 6000 步以上。

4. 制定饮食方案，建议减少肉食，肉和素菜比例为 2∶8，多吃水果，建议每晚服用雪花梨煲银耳、莲子、百合、枸杞汤，增加谷物的摄取；饮水量 2500~3000 毫升。

5. 保证充足的睡眠时间和合理的作息规律。

6. 使用溯源方法，借助反向思维方式，尝试与自己不合理的信念辩论，找到生命的平衡点，学会以心处理生活中事件并做合理评价。

7. 建议每日抄写一遍《吉祥经》约半小时。

第四次咨询：引导来访者填写并提交会谈连接作业表及生活史，了解来访者经过前两次溯源心理咨询后的情况。从来访者提交的信息来看，其症状出现变化，焦虑、担心变得平稳，急躁情绪下降，参考生活史调查表发现来访者大便干结减轻、小便正常。

第五次咨询：采用溯源的方法，协助来访者找到积极资源，强化其积极情绪，此次咨询，来访者自述睡眠改善情况良好。

第六次咨询：引导来访者开启一场寻找"本心"之旅，巩固前期的咨询效果，此次咨询来访者自述对亲人的控制欲减少。

第七次咨询：引导来访者深度认识自我，巩固前期咨询效果，调整认知。此次咨询来访者自述同家人关系很好，对生活中的事情，没有以前那么着急了，睡眠症状也得到改善。

第八次咨询：建议来访者平时可以培养一些插花、饮茶、书法等爱好，并强化正面积极的情绪。

第九次至十二次咨询：这个阶段主要从一个非常简单的事情开始每次咨询时先进行一次有意识地深呼吸或者专心观赏一张图片，在思维流之中创造间隙，以停止自己的心理评论，每次大约进行 10~15 分钟的冥想。除咨询时间外，给来访者布置家庭作业，要求其每日坚持 10~15 分钟冥想。

五、第 1 阶段溯源心理咨询总结

经过 1 个阶段 12 次的心理咨询，来访者睡眠时间、睡眠质量明显改善，SAS 评分低于 50 分，SCL-90 测试结果为：躯体化 2，强迫症状 1.1，人际敏感 1.8，抑郁 1.9，焦虑 2.1，敌对 1.30，恐怖 1.53，偏执 1.0，精神病性 1.50，其他 2，总分 160，躯体化、人际敏感、抑郁、焦虑等因子分小于 2，不适感明显得到改善，偶尔会心情郁闷，通过这个阶段的自我训练，感受非常好，自我控制能力有所提高，情绪较稳定，烦恼明显下降，第一个阶段的目标基本达到，有信心进入第二个阶段的咨询。

附：生活史调查表

这张调查表的目的是为了对你的生活经历和背景获得全面地了解。请你尽可能完整和准确地回答这些问题，这将有利于制定一个适合于你的特定需求的咨询方案。当你填完了之后，或者在预约时间，请交回此表。此表和咨询档案同样将受到高度保密。

请完整填写以下内容：

姓名：_____ 性别：____ 日期：_____ 年 ___ 月 ___ 日

地址：_____

电话号码：（座机）_____ （手机）_____

出生时间：_____ 年 _____ 月 ___ 日

年龄：_____ 岁 职业：_____

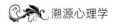

你现在同谁一起生活？（列举是哪些人）

你居住在哪里？　　家庭住宅☐　旅馆☐　宿舍☐　公寓☐　其他☐

重要关系状况（勾出一个）

单身☐　订婚☐　已婚☐　分居☐　离婚☐　再婚☐　托付关系☐　寡居☐

如果已婚，丈夫的（或者妻子的）姓名、年龄、职业是什么？

姓名：＿＿＿＿＿＿　年龄：＿＿＿岁　　职业：＿＿＿＿＿＿

1.宗教或精神信仰在你生活中所扮演的角色：

　A童年时：＿＿＿＿＿＿＿＿＿＿＿＿＿＿＿＿＿＿＿＿＿

　B成年后：＿＿＿＿＿＿＿＿＿＿＿＿＿＿＿＿＿＿＿＿＿

2.临床情况

　A用你自己的话陈述你的主要问题的性质，以及问题存在多长时间了：

　＿＿＿＿＿＿＿＿＿＿＿＿＿＿＿＿＿＿＿＿＿＿＿＿＿＿＿

　＿＿＿＿＿＿＿＿＿＿＿＿＿＿＿＿＿＿＿＿＿＿＿＿＿＿＿

　B简要陈述你的主要问题的发展经过（从发作到现在）：

　＿＿＿＿＿＿＿＿＿＿＿＿＿＿＿＿＿＿＿＿＿＿＿＿＿＿＿

　C以下列等级检查你病情的严重情况：

　　轻度不适☐　中度严重☐　非常严重☐　极其严重☐　全部丧失能力☐

D就你目前的病情，你以前在哪里咨询过？

_____

E你在使用药物吗？如果是，那么是什么、用了多少、结果如何？

_____

3.个人资料

A出生地：_____

B怀孕期间母亲的情况（据你所知）

_____

C标出符合你的童年期情况的下列任何情形：

夜惊□　吸拇指□　恐惧□　尿床□　咬指甲□　快乐的童年□

梦游□　口吃□　不快乐的童年□　任何其他情况：

D童年期健康吗？

列举所患过的疾病：_____

E青春期健康吗？

列举所患过的疾病：_____

F你的身高：_____厘米　　你的体重：_____公斤

G做过外科手术吗？（请列举并且给出手术时的年龄）

_____

H是否发生过什么意外事故：

_____

I列举5项你最担心的事情：

1._____

2._____

3._____

4._____

5._____

J在下列任何符合你的情况下打钩：

头痛□　头晕□　晕厥发作□　心悸□　腹部不适□　焦虑□　疲劳□

肠功能紊乱□　食欲低下□　愤怒□　服镇静药□　失眠□　噩梦□

感到惊恐□　酒精中毒□　沮丧□　自杀意念□　震颤□　不能放松□

性问题□　过敏性反应□　不喜欢周末和假期□　雄心勃勃□　自卑感□

羞于见人□　不能交朋友□　不能做决定□　不能坚持一项工作□

记忆问题□　家庭条件差□　财务问题□　孤独□　难以愉快□

过度出汗□　经常使用阿司匹林或止痛药□　注意力难以集中□

请在这里列举其他的问题或者困难：_____

_____

K在下列任何适用于你的词后的□内打钩：

无价值□、无用□、一个无名小卒□、生活空虚□

不适当□、愚蠢□、不能胜任□、天真□、不能正确完成任何事情□

内疚□、邪恶□、有道德问题□、恐怖想法□、敌对□、充满仇恨□

焦虑□、激动不安□、胆怯□、谦逊□、惊恐□、好斗□

丑陋□、残废□、不引人注目□、令人厌恶□

沮丧□、孤单□、不被喜欢□、被误解□、厌烦□、不安宁□

困惑□、不自信□、矛盾□、充满悔意□

有意义□、同情□、聪明□、有吸引力□、自信□、考虑周到□

请列举任何其他的词：_____

_____

L目前的兴趣、爱好和活动：

_____

M你业余时间大多做什么？

_____

N你的学业最后达到什么程度？_____

O学习能力：优势和弱势

_____

P你曾被欺负或者被过分地取笑过吗？

_____

Q你喜欢交朋友吗？_____保持交往吗？_____

4.职业资料

A你现在做何种工作？_____

B列举以前的工作：_____

C你对目前的工作满意吗？（如果不是，在什么方面不满意？）

_____

D你的收入是多少？ ____月 ____元

　你的生活花费是多少？ ____月　____元

E抱负/目标

　过去：_____

　现在：_____

　未来：_____

5.性信息

A你父母对性的态度（例如，家里是否有性教育或者有关的讨论？）

_____

B你最初的性知识是何时以及如何获得的？

_____

C你什么时候第一次意识到自己的性冲动？

_____

D你曾体验过因为性或手淫而带来的焦虑或者负罪感吗？如果有，请解释。

_____

E请列举关于你第一次或者随后的性体验的有关细节。

_____

F你对目前的性生活满意吗？（如果不，请解释。）

_____

_____

G提供任何重要的异性恋（和/或者同性恋）反映的相关信息。

_____

_____

H你以某种方式控制性欲吗？

_____

6.月经史

第一次来月经的年龄是多大？——————岁

你有这方面的知识，还是对其到来感到震惊？——————

有规律吗？——————　　　　持续时间：——————天

你感到疼痛吗？——上次的日期：——月——日至——月——日

你的月经周期影响你的心情吗？——————

7.婚姻史

订婚之前你认识你的配偶多久？——————

_____

你结婚多长时间了？ _____

丈夫或妻子的年龄： _____ 岁　　丈夫或妻子的职业： _____

A描述你的丈夫或者妻子的人格特点（用你自己的话）

_____

B在哪些方面相互适应？

_____

C在哪些方面相互不适应？

_____

D你和你的姻亲们怎样相处？（包括配偶的兄弟姐妹）

_____

你有多少个孩子？ _____

请列举他们的性别和年龄： _____

E你的孩子中有谁存在特别问题吗？

_____

F有无流产或堕胎的历史？　　有□　　　无□

G如果之前有过婚姻，请对其做出评论并提供简要细节。

_____

8.家庭资料

父亲姓名： _____ 年龄： ____ 职业： _____ 电话： _____

母亲姓名：＿＿＿＿年龄：＿＿职业：＿＿＿电话：＿＿＿＿＿＿＿

A父亲：健在还是已故？已故口，健在口。如果已故，在他去世时你

的年龄是＿＿＿＿岁。

死亡原因：＿＿＿＿＿＿＿＿＿＿＿＿＿＿＿＿＿＿＿＿＿＿＿＿＿

如果健在，父亲现在的年龄是＿＿岁，职业：＿＿健康状况：＿＿＿

B母亲：健在还是已故？已故口，健在口。如果已故，在她去世时你

的年龄是＿＿＿＿岁。

死亡原因：＿＿＿＿＿＿＿＿＿＿＿＿＿＿＿＿＿＿＿＿＿＿＿＿＿

如果健在，母亲现在的年龄是＿＿＿岁，职业：＿＿健康状况：＿＿

C兄弟姐妹：兄弟姐妹的人数和年龄

＿＿＿＿＿＿＿＿＿＿＿＿＿＿＿＿＿＿＿＿＿＿＿＿＿＿＿＿＿

D与兄弟姐妹的关系：

过去：＿＿＿＿＿＿＿＿＿＿＿＿＿＿＿＿＿＿＿＿＿＿＿＿＿＿＿

现在：＿＿＿＿＿＿＿＿＿＿＿＿＿＿＿＿＿＿＿＿＿＿＿＿＿＿＿

E描述你父亲的人格以及他对你的态度（过去和现在）：

＿＿＿＿＿＿＿＿＿＿＿＿＿＿＿＿＿＿＿＿＿＿＿＿＿＿＿＿＿

F描述你母亲的人格以及她对你的态度（过去和现在）：

＿＿＿＿＿＿＿＿＿＿＿＿＿＿＿＿＿＿＿＿＿＿＿＿＿＿＿＿＿

G作为一个孩子，你的父亲曾用什么方式惩罚过你？

＿＿＿＿＿＿＿＿＿＿＿＿＿＿＿＿＿＿＿＿＿＿＿＿＿＿＿＿＿

H你对家庭气氛有何种印象（指你的原生家庭，包括父母之间以及父
母和孩子之间的包容性）。

_____

I你信任你的父母吗？

_____

J你的父母理解你吗？

_____

K从根本上说，你感觉到父母对你的爱和尊重吗？

_____

如果你有继父母，父母再婚时你有多大？ _____ 岁。

L描述你的宗教信仰情况：

_____

M如果你不是被你的父母抚养，谁抚养的你，在哪几年之间抚养过你？

_____

N曾有人（父母、亲戚、朋友）干涉过你的婚姻、职业等方面吗？

_____

O谁是你生活中最重要的人？

_____

P你的家庭成员中有没有人曾酒精中毒、癫痫或者被认为有"精神障
碍"？

Q其他家庭成员是否曾患过有关疾病？

R愿意叙述以前没有提及的可怕或者痛苦的经历吗？

S你希望通过咨询达到什么目的，你对咨询期盼了多久？

T列举任何使你感到平静或者放松的情景。

U你曾失去控制吗？（例如发脾气、哭泣或者攻击）如果是这样的

话，请描述。

V请增加此调查表没有涉及的，但又对心理咨询师了解和帮助你有用

的信息。

9.自我描述（请完成如下内容）

　A我是一个 ＿＿＿＿＿＿＿＿＿＿＿＿＿＿＿＿ 的人。

B我的一生是 _____

C在我还是一个孩子的时候 _____

D我感到骄傲的事情之一是 _____

E我难以承认 _____

F我不能原谅的事情之一是 _____

G我感到内疚的事情之一是 _____

H如果我不必担心我的形象 _____

I人们伤害我的方式之一是 _____

J母亲总是 _____

K我需要从母亲那里得到但又没有得到的是 _____

L父亲总是 _____

M我需要从父亲那里得到但又没有得到的是 _____

N如果我不害怕成为我自己，我可能会 _____

O我感到生气的事情之一是 _____

P 我需要但又从未从一个女人（男人）那里得到的是 _____

Q长大的坏处是 _____

R我本可以帮助自己但又没有采取的方法之一是 _____

10.

A哪些是你目前想改变的行为？

_____

_____

_____

B你希望改变哪些感受（例如，增加或者减少）

_____

C哪些感受对你来说：

　1.令人愉快？　_____

　2.令人不愉快？　_____

D描述一幅非常令人愉快的幻想场面。

_____

E描述一幅非常令人不愉快的幻想场面。

_____

F你认为你最不理性的想法或者观点是什么？

_____

G描述何种人际关系能给你带来：

　1.快乐　_____

　2.悲痛　_____

H简而言之，你对心理咨询有什么看法？

_____

11.在调查表的空白处及边缘处，写出你对下列人员的简短描述：

A你自己

_____

_____

_____

_____

_____

B你的配偶（如果已婚）

_____

_____

_____

_____

_____

C你最好的朋友

_____

_____

_____

_____

D不喜欢你的人

_____

_____

_____

_____

_____

12.自我评估你擅长的和不擅长的方面：

我擅长：1_____ 2_____ 3_____ 4_____ 5_____

不擅长：1_____ 2_____ 3_____ 4_____ 5_____

13.我的主要优缺点：

我的三大优点：1_____ 2_____ 3_____

我的三大缺点：1_____ 2_____ 3_____

14 I、My、Me自我描述：

I，别人眼里的我：_____

_____

My，内心里的我：_____

_____

Me，理想中的我：_____

_____

15.填写本调查表开始时间____月____日____时，完成时间____月

____日____时。

第六章

溯源心理咨询的普适性应用

第一节　　强迫障碍的溯源心理咨询

强迫本身并不属于心理问题，每个人都有与强迫相关的经历，比如聆听了"洗脑神曲"后，其歌声会经常在脑海里响起；出门走到楼下了，总是担心是不是忘了锁门，甚至不惜专门返回再检查一遍；在用手拍死了一只蟑螂后，明明洗了一遍手，可总觉得没有洗干净而再去洗一遍；干家务时，每个物品都必须归位到其固定位置，否则就会心里不舒服；数据线等必须整齐收纳，看到团在一起乱七八糟的线，会感到内心崩溃，忍不住立即将其整理好……

强迫现象属于一种正常的心理现象。正如网络上的流行段子所说，"抛开剂量谈危害都是耍流氓"，在心理学领域更是如此，我们不能抛开心理现象的程度轻重以及出现频率高低去直断其是否属于心理问题，会对人的心理健康产生哪些危害。

轻微的、持续时间短、不引起严重焦虑等情绪障碍、不对正常学习工作和生活造成明显负面影响的强迫，都属于正常表现，不能将其划分为强迫问题。

强迫问题主要表现在两个方面：一是强迫观念，比如怀疑、回忆、穷思竭虑等，这些观念或想法反复出现并且不受控制，强迫症者一旦陷入强迫观念中，就如同溺水的人一样，越挣扎越危险；二是强迫行为，主要表现为反复作出一些没有必要的行为，如反复洗手、反复检查、反复计数或者反复作出一些特定的动作等。

可以毫不夸张地说，每一个饱受强迫问题困扰的来访者，都有明显的焦虑，强迫和焦虑就像一对双胞胎，总是会同步出现。强迫者能够明显意识到自己的强迫观念和行为主要来自自我，而不是外界，因此他们会主动控制自己不去出现强迫观念或强迫行为，于是紧张、心慌等焦虑表现就出现了，为了避免焦虑的发生，只能顺从强迫观念或强迫行为去想、去做，强迫与焦虑相互作用，会进一步促使其心理状况恶化。

心理咨询师可以通过"溯源"来缓解强迫情况，帮助来访者逐渐恢复心理健康。

溯源方法一：引导来访者认识"我"

在弗洛伊德看来，每个人都是由三个"我"组成的，分别是：本我、自我和超我。本我可以看作是一个人的"本能我"，遵循生物本能和快乐原则；自我主要对现实作出反应，是平衡本我和超我的力量；超我是理想中的我。

从本质上来说，强迫问题是因为自我不能很好地平衡本我与超我之间的关系，从而无法对现实作出恰当反应造成的。咨询师可以引导来访者溯源其三个"我"之间的关系，帮助来访者深刻认识"我"，并意识到"自我"才是真实存在的"我"。

溯源方法二：心之溯源，顺其自然

道德经中有云：人法地、地法天、天法道、道法自然。人是自然的产物，人"自动自发的反应"是自然的，人的精神和心理活动亦应"道法自然"。

一切已经出现的现象，都不是凭空出现的，而是有其产生的根源，所有现象的存在都不是永恒的，而是有其逐渐走向衰亡的轨迹。强迫会让人焦虑，会给人带来心理上的痛苦，但既然问题已经出现了，说明一定有内里的根源，极力抗拒是苍白的，并不能改变既定的规律，不如顺其自然，推动其更快走向衰亡。

强迫的本质是"一个人自相搏斗"，溯源心理咨询师可以通过引导来访者溯源其本心，协助其放弃"反强迫"，采取顺其自然的处理方法来面对强迫和焦虑。"搏斗"需要双方的参与，没有了"对手"，自然也就能够极大地改善因"自相搏斗"而出现的心理问题。

第二节　　恐惧障碍的溯源心理咨询

恐惧是写在人类基因中的一种本能，当我们遭遇危险时，恐惧就会瞬间触发身体的应激反应，在大脑下达"逃跑""躲避危险"等指令之前，身体就会更快一步地作出应对危险的举动，可以说，恐惧对于人类个体的生命安全具有积极作用。

有意思的是，人类会主动寻求令自己害怕、恐惧的东西。蹦极、过山车、鬼屋等游乐项目，各种恐怖影片、恐怖小说、鬼怪故事、灾难文学，翼装飞行、洞潜、无保护攀岩、野外探险等挑战人体极限的运动都有一批相应的拥趸。

那么，人为什么会主动去追求令自己害怕、恐惧的东西呢？恐惧会刺激人体分泌更多的肾上腺素，从而刺激多巴胺自受体，使人产生愉快感、成就感。在现实生活当中，有些人非常喜欢寻求恐惧刺激，也有一部分人会主动规避恐惧刺激，这是因为不同的人，多巴胺自受体的数量不同，数量更多的人会回避恐惧刺激，多巴胺自受体少的人则会主动去寻求新鲜刺激。

恐惧是一种很正常的情绪，每个人都会有自己恐惧的东西，蛇、蚯蚓、毛毛虫、蜥蜴、鳄鱼、老鼠、蟑螂、蠕虫等是很多人的恐惧源。今天，恐高、密集恐惧症、社恐、幽闭恐惧等已经成为网络社交上的流行词，甚至是被制作成很多好玩有趣的表情包、段子、漫画等，实际上我们在网络上看到的这类词汇，并不是指心理问题，而是演化成了一种自我调侃、互联网亚文化。

从心理健康的专业角度来说，恐惧问题不同于正常的恐惧情绪和人的恐惧本能，也不同于互联网上的自我调侃，其主要特点是对某个特殊物体或环境产生恐惧，明知这种物体或环境无害，不必害怕，但却不能克服，也不能控制自己因恐惧而出现的焦虑情绪。

恐惧问题对人的正常社会功能会产生负面影响，不同程度地影响其正常的学习、生活和工作，最典型的是社交恐惧。社交恐惧表现为害怕与陌生人接触，与人目光直接对视会特别紧张，不敢在公共场合发言，与人接触会出现脸红、手抖、恶心或尿急、头痛等生理反应。社交恐惧通常伴有自我评价低和害怕批评，倘若放任自流，会逐渐演变为无法出门，极力抗拒到公共场所去，

焦虑程度也会不断加深。

心理咨询师可以通过"溯源"来缓解恐惧情况，帮助来访者逐渐恢复心理健康。

溯源方法一：醒悟

实际上，饱受恐惧困扰的来访者，都能够清晰地意识到：令自己恐惧的东西，并不会对自己造成什么实质上的伤害，也不会对自己的安全造成威胁。溯源心理咨询师可以从这个角度出发，通过溯源来访者的恐惧经历，找出令来访者印象深刻的恐惧事件，然后通过分析拆解其事件，引导来访者做到"自我醒悟"。一旦来访者真正自我醒悟了，那么恐惧症状也就随之逐渐消失。

溯源方法二：认知

自愈力是人体最好的医生，坚持顺其自然也是一种调整认知的有效方法。来访者所恐惧的都是值得恐惧的，只是其行为不当。从本质上来说，人的恐惧是因为我们对恐惧事物的不接纳而导致的行为异常，坦然接纳那些令我们恐惧的事物，能够立竿见影地缓解我们的恐惧和焦虑，让我们的行为回到正轨上来。调整认知对于缓解恐惧症非常有用，溯源心理咨询师可以通过溯源来访者的恐惧认知找到其恐惧的根源，然后帮助来访者不断改善其认知，进而消除其恐惧的负面影响。

第三节　　焦虑障碍的溯源心理咨询

正如德国精神病学家 Gebsattel 所说："没有焦虑的生活和没有恐惧的生活一样，并不是我们真正需要的。"从心理学角度来说，一定程度的焦虑是有用且可取的，甚至是必要的。

焦虑是人的一种本能情绪，人人都有焦虑的情绪体验，比如在重大考试前焦虑、即将得知重大消息前焦虑、短时间内需要完成超额学习和工作任务时焦虑、越接近"deadline"时越焦虑、承受重大心理压力时会焦虑等。

尽管人们普遍把焦虑视为一种负面情绪，但实际上它却有一定的积极意义，焦虑是对生活持冷漠态度的对抗剂，是自我满足而停滞不前的预防针，可以促进人类个体的社会化和对主流文化的认同，能够有力推动人格的健康发展。

以考前焦虑为例，一般越是没复习好的人，越会焦虑自己考砸，为了减轻焦虑，他们往往会"临阵磨枪"抓紧时间复习应考，从这个角度来说，焦虑属于一种保护性的反应。

正常人的焦虑是人们预期到某种危险或痛苦境遇即将发生时的一种适应反应或为生物学的防御现象，是一种复杂的综合情绪。正常的焦虑情绪能够帮助我们更好地面对突发事件，在某种程度上增加我们的心理承受弹性，当焦虑的严重程度和客观事件或处境明显不符，或者持续时间过长时，就变成了焦虑问题。

焦虑问题的常见表现主要有心慌、紧张、出冷汗、疲惫、神经质、气急、尿频急等，心理咨询师可以通过"溯源"来缓解焦虑问题带来的负面影响，帮助来访者逐渐恢复心理健康。

溯源方法一：将焦虑转化为动力

尽管强烈的焦虑会给来访者带来不适，但强烈焦虑并不总是消极的、负面的，它也有正向积极的一方面。比如丹麦哲学家S.A.Kierkegaard 饱受焦虑的困扰，他深爱自己的恋人，可缔结婚约后，剧烈的心理冲突让他痛不欲生，甚至作出了毁弃婚约、终身不娶的决定。S.A.Kierkegaard 把自身对焦虑的理解，个人灵与肉的冲突普遍化、深刻化地上升到了哲学的高度，并撰写出版了多本关于焦虑的专著。这充分说明人的严重焦虑是具有创造性的，能够迸发出耀眼的思想火花。

溯源心理咨询师可以根据来访者的不同个人特质、兴趣爱好等，溯源其焦虑产生的根源，并引导来访者将自己的焦虑转化为一种艺术化的表达，比如把焦虑的感受用画笔画出来、用歌声吼出来等，这种将焦虑转化为个人成长动力的做法，不仅能够有效缓解来访者的焦虑情况，同时还能够帮助来访者掌握自我心理调适的技巧和方法。

溯源方法二：放松训练

焦虑问题的一系列负面表现，都是由于人过于紧张、紧绷而导致的，溯源心理咨询师不妨从来访者的焦虑表现入手，溯源其焦虑表现背后的深层心理原因、认知情况等，并辅以放松训练，帮助来访者快速缓解不适感。

需要注意的是，放松训练要采取身体和精神放松相结合的方式，溯源心理咨询师在引导来访者进行肌肉放松的同时，还要注意协助其在呼吸的过程中进行自我观照练习。放松训练对于缓解焦虑非常有效，可以使来访者的情绪反应与心理调节能力逐渐稳定，咨询师要对来访者的放松训练频次、时间等给出合理建议，并建议来访者长期坚持。

除了专门的放松训练外，诸如运动、听音乐、看电影、泡温泉、林中散步、聆听大自然中的声音、做令人轻松愉悦的事情等都是能够令人放松的活动，溯源心理咨询师可以有针对性地建议来访者多参与生活中能够放松身心的活动。

第四节　　失眠障碍的溯源心理咨询

据世界卫生组织统计，全球睡眠障碍率高达 27%，有调查数据显示，超过 3 亿中国人有睡眠障碍，成年人失眠发生率高达 38.2%，此外，6 成以上 90 后觉得睡眠时间不足，6 成以上青少年儿童睡眠时间不足 8 小时。

中国睡眠研究会发布的《2019 中国青少年儿童睡眠指数白皮书》显示，中国 6 到 17 周岁的青少年儿童中，睡眠不足 8 小时的占比达到 62.9%。

《2019 年中国睡眠指数报告》显示，50 后最快入睡，60 后最爱午休，70 后最爱睡前看书，80 后最爱失眠，90 后睡得最晚，00 后赖床最久，05 后和 10 后睡得最长。

不同代际之间的睡眠状况各不相同，越是年轻睡眠越是紊乱，越是年长睡眠越有规律。当前，睡得晚、起得早，已经越来越成

为年轻人或主动、或被动的作息习惯。正处于"社会顶梁柱"阶段的 70 后、80 后在工作日的平均睡眠时间最少，而作为"互联网原住民"的 90 后，其平均入睡时间在 23：50，且入睡前平均要玩手机 50 分钟，是当之无愧的"熬夜党"。

"睡得晚""睡不着""睡不够""睡眠质量差"等一系列睡眠问题正困扰着当代人，现代睡眠危机越来越严重。

睡眠对健康的重要性不言而喻，充足高质量的睡眠可以帮助我们消除身体和大脑的疲劳，可以有效降低心理压力，有助于身体的成长发育，能够降低人体老化速度，可以提高人体免疫力，增强记忆力和学习工作效率，对于预防疾病具有非常重要的作用。

长期失眠会让我们感到疲劳、没精神、注意力不能集中，自然学习和工作效率也比较低，此外长期严重失眠还会造成植物神经功能紊乱，从而导致体内各个系统的平衡受破坏，出现各种问题。从心理健康角度来说，失眠会增加人的精神压力，令人情绪变得暴躁，甚至出现性格改变，容易导致多种心理障碍。

尽管不同的人失眠的原因各不相同，但绝大多数人都是因为"压力大"而引起的。《2018 中国互联网网民睡眠白皮书》显示，北京、上海、广州、深圳等一线城市压力大，北京的年轻人睡得最少，平均时长不到 7 小时。金融业、服务业、政府机构的工作人员睡眠质量最差。尤其是金融业，睡眠质量低于整体水平 67%。从这些数据也不难看出，压力与失眠问题紧密相关，可以毫不夸张地说，压力大是影响睡眠质量的头号"罪魁祸首"。

心理咨询师可以通过"溯源"来找出来访者失眠的根源，并帮助来访者尽快改善失眠所带来的心理健康问题。

溯源方法一：找到失眠的根源

不同的来访者，失眠的原因不尽相同，溯源心理咨询师在掌握了来访者的基本情况之后，可以通过会谈、问卷等多种形式来溯源来访者失眠的根本原因，找到了失眠的原因，就可以有针对性地进行认知调整，当那些让来访者困扰到失眠的问题解决之后，失眠自然也就能够得到有效改善。

溯源方法二：回归心之本源

熬夜打游戏、熬夜看剧、熬夜加班等导致的作息紊乱，是导致现代人睡眠问题的一大主要原因，溯源心理咨询师可以通过引导来访者摒弃外在的诱惑、压力，重回心之本源，让心静下来的方式来改善其失眠状况。比如建议来访者躺在床上后就不要再看手机、熬夜加班后聆听助眠放松音乐让大脑和神经松弛下来，睡前闭上眼睛放松身心进行深呼吸或冥想等。

需要注意的是，不少长期失眠者在失眠时往往会出现巨大的心理压力，"怎么这个点了还没睡着""一点困意也没有怎么办"……诸如此类的想法不仅于失眠无益，反而会让大脑活跃起来，加重失眠情况，对于这样的来访者，溯源心理咨询师要注意引导来访者放弃对失眠现象的情绪阻抗，做到顺其自然。

第五节　　忧郁障碍的溯源心理咨询

"忧伤""郁郁寡欢""不开心""忧虑""玻璃心""多愁善感"等生活中常出现的词汇，实际上都是忧郁情绪的代名词，忧郁是人的基本情绪之一，是人类进化的产物。

在远古时候，我们的祖先通过狩猎、采集等获取基本食物，忧郁的情绪可以使人在危险的丛林中更谨慎，能够切实有效地避免"无意义"的冒险行为，可以更好地保护自己的生命安全。可以说，忧郁是人类适应生存的心理工具。

尽管今天的人们已经不在丛林中"讨生活"，但俗话说"天有不测风云，人有旦夕祸福""人无远虑必有近忧"，遇到挫折或不幸时出现忧郁是一种非常正常的情绪反应，担心未来会遭遇挫折或不幸而出现的忧郁也属于正常范畴。

一个心理健康的人，其情绪变化有一定时限性，通常是短期的，能够通过自我调适，充分发挥自我心理防卫功能后能逐渐恢复心理平稳。饱受忧郁问题困扰者，其忧郁情绪持续存在，甚至连续持续数月或半年以上，具体表现为不明原因的长时间自怨自艾、过度忧虑、心理脆弱、长时间没有笑容甚至笑不出来等，严重者会影响人的正常工作、学习和生活，无法适应社会，影响正常社会功能的发挥，甚至导致自杀等。

忧郁问题的轻重除了与来访者自身情况相关外，环境因素也会导致忧郁的加重，比如长时间阴天下雨、长时间雾霾天、进入冬季后夜晚变长等都会加重其忧郁程度。

心理咨询师可以通过"溯源"来找出来访者忧郁的根源，并帮助来访者尽快改善长期忧郁带来的不适。

溯源方法：聆听来访者的倾诉

饱受忧郁困扰的来访者，之所以无法从忧郁的情绪漩涡中解脱出来，与他们缺乏心理和精神支持有关，他们身边的亲友往往不能切身理解其痛苦，因此给予的宽慰并不能起到较好的作用。在他们眼中，没有人真正关心他们的感受，同事们只是出于礼貌关心一下，家里人的关心宽慰里往往掺杂着不耐烦，朋友们常以忙碌为借口压根不愿意花时间倾听自己的诉说，网络上虽然有很多温暖的陌生人，但大多都是抱着"看笑话""随便看看"的心态……

陷入忧郁情绪的人，就像一个不会游泳的人身处汪洋大海中，虽然尽力呼救，可周围却没有一个人，更看不到自己获救的希望。作为专业人士，溯源心理咨询师应该扮演好来访者心理支持者的角色，只有这样才能真正救来访者于水火之中。

可以通过认真聆听来访者的倾诉，在适当的时候给予其足够的心理支持来帮助来访者激活他们自身的心理潜力。在聆听来访者的倾诉过程中，溯源心理咨询师要运用共情技巧，切实充分体会来访者的烦恼，并运用来访者的逻辑思维提出问题，引导来访者在回答一个个问题的过程中，自主溯源其忧郁的原因，最终找到解决忧郁问题的突破口和有效方法。

此外，多交风趣幽默、乐观开朗的知心朋友，养成和朋友们经常联系接触的习惯，有计划地参加一些诸如运动、听音乐、画画、逛街、户外拓展等可以获得快乐自信的活动，都有助于忧郁问题的缓解。除了给予来访者上述建议外，溯源心理咨询师还有义务对来访者进行自助心理训练，提升来访者用积极乐观态度面对生活、对抗挫折的能力，这对来访者长期保持心理健康具有重要意义。

第六节　　孤独障碍的溯源心理咨询

这是一个最好的时代，微信、QQ 等社交平台，让我们可以突破时间、空间广交朋友，大大扩展了我们的社交范围，同时又避免了现实社交中的尴尬、冷场等所有面对面接触的笨拙；这是一个最坏的时代，我们的社交账号上有很多"好友"，但却没几个可以交心，我们的手机里躺着无数人的电话号码，却很难找出一个可以随时一起吃饭的人；我们与人在网上聊天，动辄就用"亲""帅哥""美女"互称，但实际上彼此之间并不亲密。

互联网和各种网上社交平台、媒体，正在重塑着大众的生活方式、社交方式，与此同时也对人的心理产生着潜移默化的影响。

在《孤独的相聚》一书中，麻省理工学院的计算机文化教授雪莉特克尔表达了对网络社会的怀疑："这个时代，人们不信任感情，害怕亲密，求助于技术寻找爱情，同时又竭力让自己免于为情受伤。"

世界权威的孤独专家卡西奥普在《孤独》一书中，深刻阐述了孤独泛滥给人类健康带来的巨大影响："我们发现，孤独的影响深入细胞内部，影响基因的表达。"在卡西奥普看来，互联网只允许虚假的亲密。"养宠物，结交网上朋友，是一种天生群居动物为了满足强制需求所作的可贵尝试。但是替代物永远无法弥补真品。"

近年来，互联网的快速发展，让孤独问题变得越来越普遍。便捷的网上购物、物流配送服务，手机、网络可以让我们随时随地联系任何一个人，"宅"正在逐渐成为一种亚文化现象，一些"宅男""宅女"甚至可以连续几个月都不出家门。

从心理角度来说,人类是群居动物,对群体有很强的热爱感情,久而久之就对群体形成了心理依赖。当个体被群体排除在外的时候,就会导致心理需求得不到满足,进而产生孤单情绪。

孤独是一种正常的情绪体验,是灵魂的放射、理性的落寞、思想的高度、人生的境界,每个人都需要独处空间,借助孤独来重拾自我,找到前进的方向和人生的动力。但长期处于孤独情绪中,则会对人的心理健康和正常社会功能产生负面影响。

心理咨询师可以通过"溯源"来找出来访者长期被孤独困扰的原因,并帮助来访者学会正确处理孤独情绪,消除孤独给心理健康带来的隐患。

溯源方法:与心灵对话

对于长期饱受孤独困扰的来访者,咨询师直接建议他们融入人群来排解孤独并不是明智的做法,这是因为来访者的心理状态很难在短时间内发生巨大变化,且这类来访者在被孤独困扰的同时,往往也存在一定程度的社交恐惧,本能地排斥与人面对面交流,直接把来访者推向人群,不仅难以快速改变来访者的糟糕情况,反而会加重其心理压力、社交恐惧等。

孤独是自成世界的一种独处,孤独是一种完整的状态,孤独也是一种力量,身处孤独中的来访者面对的是真正的自己,心理困扰的本质,实际上就是来访者无法正确面对自己,难以接纳自己心灵的荒芜。

那么,溯源心理咨询师应该怎么办呢?不妨借助溯源的方法,引导来访者认识不同阶段、不同时间、不同角度的"自我",协

助来访者开展与自己的心灵对话。一个内心充盈的人，从不会惧怕孤独，孤独反而会成为其心灵的养分，咨询师要做的，就是帮助来访者把内心充盈起来，引导其将孤独转化为自己的心理"灵性"。

第七节　　适应障碍的溯源心理咨询

心理活动是人对客观世界的反映，人的心理在反映客观世界时具有主观能动性。每个人的经验、个性、世界观、信念、动机不同，兴趣、能力、气质、性格也不同，因此同样的环境下，所呈现出来的对环境的心理适应情况也是千差万别的。

心理学家马斯洛在谈到成长与环境的关系时说："环境的作用最终只是允许他和帮助他，使他自己的潜能现实化，而不是实现环境的潜能。环境并不赋予人潜能，是人自身以萌芽或胚胎的形态具有这些潜能，属于人类全体成员，正如他的胳臂、腿、脑、眼睛一样。"

从心理学的专业角度来说，人对环境的心理适应，按照适应方向可以分为两种：一是积极适应，二是消极适应。

任何环境中都存在着有利于个人成长的积极因素和不利于个人成长的消极因素。关键在于我们如何去选择，为了更好地运用环境中的积极因素，规避成长的消极因素，个体积极主动地调整自己与环境的不适应行为，增强个体在环境中的主动性、积极性，使自身得到发展的做法，就属于积极适应。

消极适应是人与环境的消极互动过程，如初到完全陌生的环境，一时无法快速适应环境，便会出现逃避、焦虑等负面情绪，而负面情绪的影响又会增加心理适应的难度，从而形成恶性循环。消极适应会压抑人自身的积极心理因素，违背了人的心理发展方向，对心理健康也会产生负面影响，严重者会出现适应障碍，对人的正常社会功能造成损伤。

有些来访者表面上看起来对环境适应，但这种表面上的积极适应是建立在不恰当地使用诸如压抑、投射等"心理自卫"机制之上的，是以牺牲个人心理技能和品质发展为代价的，属于一种心理适应的退化，而不是发展。

心理咨询师可以通过"溯源"来找出来访者不良适应的关键点，并通过增强来访者的心理适应性，来解决其对环境的适应障碍。

溯源方法一：找到突破困境的动力

实际上每个陷入适应障碍的来访者，内心都有被压抑的强大心理动力，这些潜能就像是沉睡的巨龙，溯源心理咨询师要做的就是引导来访者找到突破困境的动力，唤醒他们潜在的强大心理适应能力，如此一来，眼前所面临的所有心理适应性问题都可以迎刃而解。

咨询师可以通过与来访者就"我最有力量的身体部位""曾经取得过什么耀眼成就"等问题进行深度会谈，在会谈的过程中，注意溯源来访者的"心理潜力"和积极的心理能量，并找到唤醒这些力量的钥匙，也就是来访者愿意作出改变的强烈心理动机。

溯源方法二：改变来访者所处的环境

适应障碍，本质上是人的心理与所处环境的冲突造成的，除了帮助来访者调整自己的心理状态外，改变来访者所处的环境对于解决适应障碍也非常有效。咨询师需要帮助来访者溯源找到导致适应障碍的环境因素，锁定环境因素后，再作出改变环境的方案，让来访者远离难以适应的环境或处境，如此一来适应障碍自然会逐渐消失。

第八节　　社交障碍的溯源心理咨询

《人民日报》曾专门刊发过一篇题为《"宅"，难有"大千世界"》的文章，专门对今天的"宅文化"进行了犀利地点评："很多人只浏览相对固定的几个网站，只关注自己愿意关注的人，只订阅自己感兴趣的信息，只相信自己愿意相信的事实。一些网络运营商也在迎合，有的甚至能够自动收集用户信息，根据用户的浏览记录推荐相关商业信息。人们越来越被自己的习惯所束缚，被固有的知识所限制。有人将这种现象称为互联网带来的自我'极化'，即把人囚禁在固有的习惯里，剥夺了人本来应该具有的可能性和多样性，从而形成了思想上的'宅'。"

这里所说的思想上的"宅"，从心理学专业角度来说，就是指的正常社交能力退化，会导致人对未知事物好奇心的丧失，对公共生活的淡漠，对现实生活感受力、思考力的钝化。

"宅"文化起源于日本，但如今已经蔓延到多个国家的年轻人群体之中。英国18~30岁的年轻人中，约四成是"宅族"。《韩国日报》早在2009年就称约10万名"宅族"青年无法适应社会交往，存在自闭倾向。当前，中国的"宅男宅女"数量也很庞大，相当比例的年轻人可以连续宅在家中数周甚至数月不出门，除了吃饭就是对着电脑、手机等电子产品。

人是社会性动物，久宅会严重损伤人的正常社交能力，甚至引发社交障碍。一般来说，社交障碍主要表现为与人交往时，会不由自主地紧张、害怕，以至于手足无措、语无伦次、脸红手抖等，缺乏与人交往的勇气与信心，严重者会害怕见人，直接影响面试求职、求学上课、日常出行等。

心理咨询师可以通过"溯源"来找出来访者社交障碍所压抑的积极心理因素，并通过引导来访者接纳自己、释放真实的自己来克服社交时的心理不适，增强社交时的心理承受力和心理适应性。

溯源方法：引导来访者接纳自己

社交障碍，实际上是来访者对理想中的社交表现与现实中社交表现冲突引起的，越是冲突明显，越是对自己社交表现要求高的人，越容易陷入社交障碍的泥潭之中。因此，缓和这种心理冲突对于改善社交障碍具有非常明显的效果。

心理咨询师可以通过与来访者会谈的方式，探寻来访者的冲突点，溯源其冲突背后的"和解"可能，引导来访者停止对自己的挑剔、批判、责难，不再用高标准苛求自己，而是肯定真实的

自己，接纳现在的自己。

让那些不愉快的社交经历随时间而去吧，已经发生的过去，注定无法改变，过度地因已经发生的糟糕事情而纠结是没有任何意义的，过去的就让它过去，没有什么比现在更重要，溯源心理咨询师要引导来访者着眼于当前，着眼于接纳现在的自己，告诉来访者"你就是最好的你""只要尽力了，一切结果都没有关系"，帮助来访者减轻社交的心理压力，增加应对社交的心理弹性。

在心理学中，有一个非常有意思的心理现象——我们喜欢那些喜欢我们的人。也就是说，每一个主动向他人表达善意与喜欢的人，往往也都会受到他人的喜欢和善意。要想让来访者彻底摆脱社交障碍，并拥有良好的社交能力，溯源心理咨询师可以引导来访者学会向陌生人表达自己的善意与喜欢。

第九节　　应激障碍的溯源心理咨询

要想深入了解应激障碍，我们首先需要搞清楚"应激"是什么。从心理学角度来说，应激是由危险或出乎意料的外界情况变化所引起的一种情绪状态。当人处于应激状态时，除了心理呈现出"压力""紧张"状态外，身体生理指标也会发生一系列变化。

造成紧张或刺激的应激信息传递到大脑中枢后，信息会传至下丘脑，分泌促肾上腺素释放因子，激发脑垂体分泌促肾上腺因子皮质激素，心率、血压、体温、肌肉紧张度、代谢水平等都发生显著变化，这时人的身体处于充分动员的状态，机体活动力量增强能更好地应付紧急情况。

应激由应激源、应激本身和应激反应组成，不同个体面对相同的应激源，所产生的应激反应是有差别的，这与个体的经验知识、认知、价值观、思想、心理承受能力、性格、处世方法等有关。

一般来说，个体对应激的反应可以划分为两大类：一类是活动抑制或完全紊乱，严重者会发生感知记忆错误，表现出诸如目瞪口呆、手忙脚乱、莫名其妙陷入窘境等不适应的反应；另一类是调动各种力量，以主动积极的态度去应对紧急情况，如急中生智、虎口逃生就是非常典型的例子。

从人处于应激状态中的变化不难看出，应激是有积极作用的，能使人的精力旺盛、思维清晰、动作敏捷，可以有效增强机体的防御排险机能，更好地作出随机决策、应变决策、应急决策、风险决策等。但是当人长期处于紧张的应激状态时，则会对其身心健康造成负面影响，会出现注意和知觉范围缩小、言语不规则不连贯、行为动作紊乱、心理能量衰竭、感到虚弱崩溃等，易引发心理问题或躯体疾病。

应激障碍，顾名思义，就是人长期处于紧张应激状态而引起的心理问题。应激障碍的具体表现有两方面：一是生理反应，表现为垂体和肾上腺皮质激素分泌增多、交感神经兴奋、呼吸加速、血压上升、血糖升高、心率加快等；二是心理反应，表现为不适当的情绪反应、自我防御反应和应对反应等。

加拿大生理学家塞里的研究表明：应激状态的持续能击溃一

个人的生物化学保护机制，使人的抵抗力降低，容易患心身疾病。在塞里看来，应激障碍的发展可以划分为三个阶段：一是惊觉阶段，在这一阶段会产生超出正常范围的应激反应，如体温和肌肉弹性降低、贫血以及血糖水平和胃酸度暂时性增加，甚至导致休克等，异常情况会被明显察觉；二是阻抗阶段，在意识到自己的应激反应不正常后，人会本能地对其进行阻抗，这一阶段表现为不正常的应激反正消失，全身代谢水平提高，肝脏大量释放血糖，在这一阶段的后期，下丘脑、脑垂体和肾上腺系统活动过度，体内糖的储存大量消耗，会给内脏带来物理性损伤，出现胃溃疡、胸腺退化等；三是衰竭阶段，长时间的阻抗看似让不正常的应激反应消退了，但却会造成机体和心理处于衰竭状态，从而导致严重的心理问题或躯体疾病。

心理咨询师可以通过"溯源"来找出来访者应激障碍的"根源"，并引导来访者尽量减少和避免不必要的应激状态，帮助来访者学会科学地对待应激状态。

溯源方法：找出应激障碍的根源

你从什么时候开始察觉到自己的应激反应出现异常？

你认为导致你出现应激异常反应的人或事件是什么？

为了对抗应激异常，你都做了什么？

你认为自己所作出的对抗是有意义的吗？

你从什么时候开始感到身心衰竭？

你认为怎样才能摆脱应激障碍？

咨询师可以通过以上这种渐次提问的方式，来引导来访者自身去溯源应激障碍背后的深层次根本原因。具体的问题，咨询师可以根据来访者的实际情况进行个性化设计。在找到了来访者应激障碍的根源后，有针对性地对来访者进行应激管理训练，能较快提高其应激管理水平，缓解应激障碍带来的不适，促进来访者朝着心理健康方向积极发展。

第七章

溯源心理咨询与
其他咨询技术

第一节　　溯源心理咨询与心理测量

测量一个人的身高，我们只要借助软尺等工具，很快就能够得到清晰、具体的数据；测量一个人的体重也不困难，我们只要站到体重秤上，就能立刻看到体重秤上的体重数据；检查一个人的身体是不是健康，现代医学的各种检查仪器和手段等，能得到各个器官各项功能的多维度指标；但是检查一个人的心理是不是健康，则是一个非常复杂的大工程。

人的心理活动是抽象的，看不到、摸不到，我们只能看到心理活动表现出来的外在行为等，很显然外在行为对心理活动和状态的表达并不是完整的，这也就给我们清晰、准确地认知人的心理活动造成了障碍。

我们无法直接对心理进行测量，只能通过行为表现对其进行间接测量。为了尽可能减少测量的误差，更大限度地提高心理测量的准确度，专门形成了一个心理学分支学科——心理测量。

心理测量起源于中国，《黄帝内经》中有关于太阴、太阳、少阴、少阳、阴阳和平5种人的观察和评估，可看作心理测量的前奏。"权，然后知轻重；度，然后知长短。物皆然，心为甚。"孟子对心理差异现象的普遍性认识以及提出的差异同一性以及差异等距可能性概念，是世界上最早的关于心理测量原理的叙述。

　　近代西方心理测量科学的繁荣发展开始于 19 世纪，正如马克思所说，"任何一门科学只有在它可以用数学加以精确描述时才能称之为科学。" 19 世纪后期，德国的 W. 冯特、英国的 F. 高尔顿、美国的 J.M. 卡特尔都对感觉能力的测量进行了研究。法国的 A. 比奈与医生 T. 西蒙合作于 1905 年编制的比奈 – 西蒙量表，是世界上第一个标准化的心理测验。此后，心理测量迎来了井喷式发展，编制出了一大批多种多样的心理测验以及心理量表等。

　　心理测量对人类生活以及心理健康的影响是非常重大的，早在 1986 年初，当时的科学界对 20 世纪的科研成果进行调查时，智力测验的制定就与抗生素的发现、激光的应用等一起被评为 1900 年以来对人类生活影响重大的 20 个科研项目之一。

　　今天的心理测量旨在通过量化手段使心理学的分析日益精确，能够更好地为实践服务。作为心理学的一个分支，心理测量的应用范围和场景正在变得越来越丰富，总的来说，心理测量的应用主要集中在三大领域：一是教育领域，智力测验、特殊能力倾向测验、兴趣测验、人格测验、教育测验以及适用于天才或弱智儿童的特殊测验等为"因材施教"提供了充分的依据，大大推动了教育事业的发展，心理测量在教育方面的应用最广泛、收益也最大；二是人事管理，霍兰德职业倾向测试、心理压力测试等，为很多企业的选人、用人、定岗、调岗等提供了专业化的依据；三是心理健康领域，SCL-90 症状自评表、贝克抑郁量表、贝克焦虑量表、简明精神问题量表等一系列专业量表，为心理咨询领域提供了评估来访者心理健康状况的工具。

　　心理测量是心理咨询中的基础性工具，溯源心理咨询和其他

咨询方法一样，同样需要在开始正式咨询前，充分详细地了解来访者的情况，并对来访者的心理健康状况作出专业化的科学评估。溯源心理咨询离不开心理测量，熟练科学地运用多样化的心理测量手段，可以帮助咨询师提高业务水平，提升咨询效果。

　　总的来说，一个合格的溯源心理咨询师，必须掌握心理测量的基础知识，熟练使用常见的各种心理量表，并能够对多种心理测验的结果进行专业化的心理分析，这是做好心理咨询工作的基础性技能。

第二节　　溯源心理咨询与精神分析

　　19 世纪末，弗洛伊德受古希腊哲学、德国古典哲学及催眠术的影响，结合自己的长期实践和研究，最终开创了精神分析这一划时代的心理咨询技术。弗洛伊德离世后，精神分析的发展并没有停止，而是迎来了新的繁荣发展：荣格的心理分析学派、拉康的语言精神分析学派、阿德勒的个体心理学等，让精神分析一度成为临床心理学领域中的主流独立咨询技术。

　　一直到 20 世纪 70 年代之后，因时代和社会的变迁，精神分析在临床心理学领域所占的市场份额才开始逐渐下降。尽管今天的精神分析与鼎盛时期已有所"衰落"，但在心理领域仍然具有不可替代的理论优势和影响力。今天，大部分整合式心理咨询师在实际工作当中，仍然把精神分析作为一种不可替代的技术和手段。

精神分析是探索来访者为什么会在某种情境中产生心理问题，这些问题对于来访者的心理意义，如何发现这些问题及问题背后的愿望、恐惧等之间的冲突，以帮助来访者面对现实，更好地理解和接受自己，认识自己的情绪冲突，并为之发展出更适合的解决路径和更为成熟人格的专业心理咨询方法。

可以毫不夸张地说，精神分析中的人格结构、移情理论为整个心理咨询行业奠定了行业理论基础，移情能力更是成为心理咨询师必须掌握的专业技能和素养，溯源心理咨询的创立和应用离不开前人的积累。作为一个合格的溯源心理咨询师，必须要了解精神分析的主要理论和常用方法，深度掌握人格结构知识，不断提升自己的移情能力。

1. 本我、自我、超我

弗洛伊德经典精神分析最大的贡献就在于他提出了意识和潜意识的概念，他提出了一个基本假设即人类的精神心理世界由三部分构成：意识、前意识和潜意识。

意识是指那些我们能够觉察到的想法和感觉，是人类心理极小的部分，就像露出水面的冰山只是整个冰山最小的一部分。前意识是属于潜意识的，但是稍微努力就可成为意识的部分被个体感知和觉察。潜意识在人格的最深处活动，由个体无法觉察的记忆和经验构成，可能包括个体不能接受的某些事件、想法和情感等，那些被压抑的记忆并没有消失，而是以各种防御、虚假和歪曲的方式表达，并不停地干扰意识和理性的行为。

在意识和潜意识的理论基础之上，弗洛伊德为了描述人格结构，提出了本我、自我和超我三个概念。

本我：代表不受控制的生物驱力。弗洛伊德把本我比喻为一口"沸腾的大锅"，囊括各种强大的原始冲动和欲望，他认为本我按照快乐的原则活动，致力于降低压力、避免痛苦、获取欢乐。

自我：即本我的管理者，调节本我与超我冲突并与现实联系的理性思维。弗洛伊德认为：自我负责本我、超我与外界的联系，遵从现实的原则。

超我：描述个体社会价值观内化的一种结构，代表一系列习得的观念。弗洛伊德把超我分为两方面：良知，通过双亲施加的惩罚获得；自我理想，通过双亲奖励获得。超我追求完美，主要作用是抑制本我的冲动，影响自我以道德的目标代替现实的目标。

弗洛伊德认为基本需要持续的受挫体验会导致个体内心的冲突，使自我、超我、本我之间的关系不平衡，从而导致心理问题的发生。

2. 移情

移情能力，也就是我们常说的共情能力，是设身处地理解来访者感受的一种能力。移情并不是精神分析所独有的，人本主义在共情的理解和应用上与精神分析的移情是趋于一致的。在人本主义创始人罗杰斯看来，共情主要包含三个方面的含义：一是心理咨询师借助来访者的言行，深入来访者的内心去体验他的情感、思维；二是心理咨询师借助知识和经验，把握来访者的体验与经历和其人格之间的联系，更好地理解问题的本质；三是心理咨询师运用咨询技巧，把自己的共情传达给来访者，以影响来访者并取得反馈。

对于溯源心理咨询师而言，在追溯来访者心理问题发生的根源过程中，共情能力至关重要，一个深入理解人格结构、拥有高超共情能力的咨询师，在面对来访者时，能大大减少来访者有意识或无意识的阻抗，可以大大提升溯源心理咨询的效率。

第三节　　溯源心理咨询与沙盘技术

1957 年多拉·卡尔夫把洛温菲尔德的"游戏王国技术"与荣格分析心理学相结合创设了沙盘游戏 。沙盘游戏本质上是积极想象技术的一种变形，完整沙盘游戏过程中的步骤大致对应于积极想象技术的四个阶段。

目前，国际上有几十个沙盘游戏组织和专业研究机构，沙盘游戏技术早已作为一种独立的心理咨询体系而存在，并且发挥着积极的影响与作用。20 世纪末，沙盘技术由北京师范大学的张日昇教授和华南师范大学的申荷永教授传入国内，目前沙盘技术已经成为国内颇具影响力的心理咨询技术，尤其是在儿童心理问题咨询方面发挥着不可替代的重要作用。

沙盘技术的基本原理是无意识水平的工作、象征性的分析原理和感应性的治愈机制。

意识与无意识的分裂与冲突，是大部分心理问题和障碍的根

源。在心理咨询的过程中，沟通无意识，在意识与无意识之间构建桥梁，将无意识意识化以化解各种情结，增加与扩充自我意识的疆域，是沙盘技术的基本要素。

象征性分析原理在沙盘技术中具有更为重要的作用。沙盘技术在实际应用时需要使用沙盘和分类齐全作为象征性的载体的各种人物、动物、植物、建筑材料、交通工具以及宗教和文化模型，捕捉与把握来访者世界中的原型和原型意象的意义。

感应是受影响而发生的反应，在沙盘技术中，来访者与沙世界相互感应是心理疗愈的过程也是治愈的因素，更是心理问题的治愈机制。

每一个人的心灵深处，都有自我治愈心灵创伤的能量。但这一自我治愈力因各种原因有时会难以发挥。而以沙盘为中心，创造出一个自由与受保护的空间，通过使用沙盘、沙和沙具创造的世界，通过象征的作用，无意识实现了意识化，可以促进个体自性化的过程，来访者的自我治愈机能就有可能得以发挥。

沙盘技术，不仅仅是普通意义的心理咨询技术，还包含着我们所理解的"积极心理学"的思想，所以沙盘技术不仅可以作为心理咨询的手段，而且还可以维护来访者心理健康，促进想象力和创造力的培养；沙盘游戏所包含的整合性与自性化意义，也可以在人格发展以及心性成长中发挥积极的作用。

对于溯源心理咨询师来说，沙盘技术是一个非常好用的"溯源"工具。尤其是在面对阻抗比较严重的来访者时，想快速打开"溯源"突破口会显得非常困难，沙盘游戏被称为"心灵的花园"，当遭遇来访者的强烈阻抗时，不妨使用沙盘技术来探寻来访者的无意识领域，找到其象征或象征性中所包含的心理问题根源和疗愈的积极因素。

溯源心理咨询师可以引导来访者使用干沙或湿沙、沙盘、沙具在安全与被接纳的环境中，一个被限定的空间内，创造一个属于自己、静态或动态、富于想象的世界，把无形的心理内容通过象征性的语言，将无意识的内容直观地呈现，以促进个体自性化。

"集中提炼身心的生命能量"，在所营造的"自由和保护的空间"这种关系中，把沙子、水和沙具运用在富有创意的意象中，便是沙盘技术的创造和象征模式。一个系列的各种沙盘意象，反映了沙盘来访者内心深处意识和无意识之间的沟通与对话，以及由此而激发的治愈过程和人格发展。

沙盘技术是一项非常专业化的心理咨询技术，无法通过速学的方式掌握，建议有条件的溯源心理咨询师可以根据自己的兴趣、个性或感受等，选择是不是去接受专门的沙盘技术学习和训练。

第四节　　溯源心理咨询与绘画分析

绘画分析是艺术心理辅导技术中最常见的方法之一。艺术心理辅导技术的萌发可以追溯到史前人类的岩洞壁画，自古以来，绘画、音乐等不同形式的艺术活动，一直在人类的生活中起到表达精神世界和抚慰心灵的作用。

1940年玛格丽特·诺姆伯格建立了运用艺术的表达作为心理咨询的模式，在心理咨询中运用各种艺术手段处理来访者个人内心的恐惧、矛盾等。著名心理学家荣格对绘画分析技术有很高的评价，他认为绘画作为表达潜意识的工具要比语言更加直接，完全可以成为心理咨询的有效手段。

近年来，绘画技术越来越受到各国心理学界的重视和发展，在英美等国出现了职业化的趋向。绘画分析技术于20世纪末传入中国，龚钵在《临床精神医学杂志》发表的文章中介绍了西方艺术心理辅导技术，并指出中国画的创作过程的"无心"境界也同样具有心灵平静作用。此后，绘画分析技术逐渐在国内发展壮大，并为不同场景、不同年龄层次的来访者提供心理帮助。

绘画技术的核心是让来访者通过绘画的创作过程，利用非言语工具，将潜意识内压抑的感情与冲突呈现出来，并且在绘画的过程中获得疏泄与满足，从而达到心理评估与咨询疗愈的良好效果。无论是成人和儿童都可在方寸之间呈现完整的表现，又可以在"欣赏自己"的过程中满足心理需求，得到心理的帮助。

对于溯源心理咨询师来说，绘画分析技术可以作为溯源咨询过程中的辅助工具。具体来说，这种辅助作用，主要体现在以下三方面：

一是绘画分析技术可以作为收集来访者信息的重要手段，在描述心理感受和问题方面，语言无疑是非常苍白的，心里的苦往往说不出，而且很多来访者常常并不愿意坦诚地说给咨询师听，图画这种表达方式可以呈现出来访者丰富的非语言信息，能够更大限度地帮助咨询师充分了解来访者的心理状态和情况。

二是绘画分析技术可以作为评估来访者心理问题情况的工具，比如通过使用房树人测验，可以了解来访者的心理现象、功能，判定其心理活动是否正常，心理健康方面是否存在问题，心理问题的程度如何等，为评估来访者的心理情况提供评估服务。使用绘画方式进行的心理测验统称为绘画测绘，除了房树人测验外，还有"洛夏测验""主题统觉测验"等其他绘画测绘方式。在实际心理咨询的过程中，溯源心理咨询师可以根据来访者的情况以及心理测验的需要等，来具体选择绘画测绘工具。

三是绘画分析技术可以绕开来访者的心理防御，绘画是自我表达的有效工具，可以直接通过图画表达绘画者的潜意识，展现来访者丰富的内心世界。也就是说绘画是来访者潜意识的表达，溯源心理咨询师可以图画引出来访者心理问题的根源，而不必正面突破来访者的心理防御，对于推进溯源心理咨询的进程具有重要的积极意义。

需要注意的是，溯源心理咨询师除了从心理学角度对来访者的绘画内容进行专业化解读之外，还要认真倾听来访者本人对绘画内容的解释，对于绘画内容中的个性化元素，咨询师要有意识地与来访者深入探索，综合运用积极想象技术、认知技术、行为矫正技术等深度挖掘来访者绘画内容背后的真实心理意义。

第五节　　溯源心理咨询与家庭咨询

家庭咨询诞生于第二次世界大战之后的美国。当时，战后参战士兵突然从战场归来重返家庭，个人和家庭却无法适应这种变化，并因此带来了一系列社会、人际关系、文化、环境问题，其中相当一部分人无法通过个体咨询模式得到帮助。一些心理学家因此开始检视家庭关系在创造和维持一个或更多家庭成员的心理困扰中所扮演的角色，以及成员之间互动的问题，以促进个人成长。最后，越来越多的心理学界人认为改变家庭结构以及互动模式才能使个体有机会以适当的行为替代有问题的、功能失常的或不适应的行为。

到了 20 世纪 50 年代，临床心理学理论开始趋向于帮助父母与子女建立更好的关系，设立让父母参与的积极的目标，让父母改变子女的环境以改善其心理和行为，家庭咨询开始真正成为一种独立的心理咨询方法。

每一个家庭系统都是根植于一个社区或社会中，存在于特定的历史时间和空间中，进而因种族、民族、社会阶层、生命周期阶段、性取向、宗教信仰、成员的身心健康状况、受教育程度、经济保障以及家庭价值和信念体系塑造成形的自然的社会系统。

家庭的互动模式，根植于每个家庭的日常生活中，虽然不被人们广泛注意到，但这种互动模式深深影响着每一个家庭成员，无能力的家庭系统以及不健康的互动模式会对家庭成员个体的心理健康情况造成不同程度的负面影响，从而导致其心理问题的发生。

一般来说,家庭是至少包括三代的组织复杂的情感系统。情感、忠诚、家庭成员关系的连续性和持续性是所有家庭的特征。所有的家庭都必须努力促成家庭成员之间积极关系的建立,都必须留意家庭成员的个人需要,做好处理发展性或成熟性变化,以及意外危机的准备。

不同文化背景下的家庭结构差异较大,对于自古以来都非常重视家庭的中国人来说,家庭的范畴往往会比三代更大,包括四代甚至五代以内的先祖及其子孙。需要注意的是,近年来随着中国城镇化水平的快速提高以及计划生育的实施,中国家庭传统的宗族观念正在被动摇,加之西方家庭生活理念的影响等,如今不同年龄段的人关于家庭的观念和思想等存在较大差异,处于一种不同代际家庭观念严重冲突的阶段。这就要求溯源心理咨询师在使用家庭咨询作为辅助工具的过程中,必须根据来访者的实际情况以及家庭情况作出个性化的心理咨询方案,以便取得更好的心理咨询效果。

对于溯源心理咨询师来说,家庭咨询并不是万能的辅助工具,家庭咨询一般适用于亲子关系、家庭关系、夫妻关系、亲属关系等引起的心理冲突。因此,溯源心理咨询师要注意甄别引起来访者心理冲突的原因是什么,只有符合家庭咨询的适用范围,才可以采用家庭咨询的方式帮助来访者溯源冲突的"根源",找到了问题根源后,咨询师可以根据实际情况,决定是否有必要让来访者的家人也参与到整个心理咨询的过程中,共同调整家庭关系模式,一起帮助来访者改善心理问题。

第六节　　溯源心理咨询与舞动技术

人的身体会记录个体包括母婴关系在内的生命中的全部重要经验，身体的各种小动作就是这些记忆的具象体现，所以人的行为模式是人格的重要组成部分。当身体改变的时候内在的心灵也必然发生改变。从这个角度来说，个体可以通过动作来促进心理成长。

舞动技术，始于欧洲，兴于美国。舞动技术的原理是个体的身体和心理是相互影响的一个整体，在生理紧张、躯体意象和原发的舞动中可以看到身体和心理的相互影响。

在英国，舞动技术被定义为："运用动作和舞蹈，使人们创造性地参与咨询过程，以促进他们情绪、认知、身体和社会性的整合。"舞动技术认为：人的身体是诚实的，身体所表达出来的都是真实可信的。如果身心分离或者失去协调性，就会出现身体或心理的反应。当人的身体发生肢体舞动的时候，人的心理也会出现敏锐的反应。

作为一种艺术的创造，舞蹈必然表达个体复杂、矛盾的情绪想法，甚至是将个体潜意识中的内容呈现出来。肢体的运转也可以帮助个体突破情感界限，让感情更为丰富,感受生命真实的存在。

舞动技术可以帮助来访者把生理和心理过程联系起来，可以了解自己和别人的感受、想象和记忆，并通过运动或舞蹈把它们表达出来。在舞动技术的实际应用过程中，很少使用有结构的舞蹈，大多数情况下心理咨询师会鼓励来访者在音乐的伴奏下运用运动表达自己。

从专业心理学角度来说，舞动技术可以用韵律和能量改善来访者情绪，消除来访者的紧张，帮助来访者更为有效表达自己的各种情绪，让来访者体验到身体和情绪同时放松。舞动技术创造性地帮助来访者整合身体和心理，使来访者不仅体验了自己，而且通过躯体的能量、韵律和接触与自己交流，还能提升认知功能，减轻心理压力，改善血液循环，放松身心，充分调动自身潜力。

对于溯源心理咨询师来说，舞动技术可以作为溯源心理咨询的辅助工具，或两者整合后同时使用。舞动技术可以充分帮助来访者触及自己内在的创造性，激发其心理潜能，能够有效推动溯源的顺利开展，让来访者更深入地了解自己，改善其人际交往和觉知他人的能力。

溯源心理咨询师在使用舞动技术时，要特别注意来访者的身体姿势和情绪，并适时给予来访者分析和帮助，从而引导来访者朝着既定的溯源方向，更深入地挖掘心理问题出现的根源。

总的来说，舞动技术是一种比较容易掌握的技术，其过程主要分为准备、孕育和领悟、结束三个阶段。

第一阶段：准备

准备阶段也是热身和开始。首先溯源心理咨询师需要对来访者的情况进行评估，可以让来访者在房间内走动，通过仔细观察来访者的动作、舞动、外形、体态等，对来访者的内心感受、冲突、情绪等作出心理评估；然后向来访者说明溯源心理咨询与舞动技术的整合式咨询方案、原理、方法和作用等，并通过双方互动与来访者建立咨询关系；最后是热身，鼓励来访者通过动作来表达自己的情感，并帮助其建立想法、情感、记忆和动作之间的联系。

第二阶段：孕育和领悟

溯源心理咨询师要引领来访者进入其心理问题，然后使用隐喻性舞蹈动作完整地表达出来，停在那里以便让来访者真切地感受到这些给他困扰的问题。停留在隐喻的水平，可以帮助来访者发现未完成事件，这时溯源心理咨询师可以引导来访者通过舞动改变重新建立起自我感受和现实的连接，如此一来，来访者在身体改变基础上会发现自己的情绪发生有益的改变，接下来想法、人际关系等也会陆续发生期望的变化。

第三阶段：结束

当来访者可以接受他将独自面对心理咨询结束后的状况时，舞动技术就可以开始结尾。需要注意的是，溯源心理咨询师大多数情况下只是把舞动技术作为辅助工具，因此需要掌握好频次。

第七节　溯源心理咨询与音乐调适法

音乐在某些疾病的康复中能够起一定的积极作用，如降低血压、减轻疼痛及消除紧张等，早在 20 世纪 40 年代，人们就已经将音乐作为一种医疗手段。到了 20 世纪 80 年代，精神病学领域专门开展了音乐对精神病康复的探索和临床研究。

音乐由旋律和节奏组合而成，节奏影响人类的生理，旋律则影响人类的心理、生理层面。

从生理层面来讲，音乐会刺激人体的植物性神经系统，对人体血流、心跳、呼吸速率、神经传导、血压和内分泌的调节产生作用。科学家发现轻柔的音乐会使人体脑中的血液循环减慢；而活泼的音乐则会增加人体的血液流速，高音阶或快节奏会使人体的肌肉紧张，低音阶或慢半拍则会使人体感觉放松。

从心理层面来说，音乐会引起主管人类情绪和感觉的大脑产生自主反应，从而促使情绪发生改变。良性的音乐能提高大脑皮层的兴奋性，可以改善人们的情绪，激发人们的感情，振奋人们的精神，同时有助于消除心理、社会因素所造成的紧张、焦虑、忧郁、恐怖等不良心理状态，能够提高人的心理应激能力。不少研究结果都显示，平静或快乐的音乐可以减轻人的心理焦虑。

音乐调适法通过生理和心理两个方面的途径来缓解心理问题。音乐声波的频率和声压会引起生理上的反应。音乐的频率、节奏和有规律的声波振动，是一种物理能量，而适度的物理能量会引起人体组织细胞发生和谐共振现象，能使颅腔、胸腔或某一个组织产生共振，这种声波引起的共振现象，会直接影响人的脑电波、心率、呼吸节奏等。

心理学研究显示，音乐能影响人格，情感培养对人格成长至关重要，而音乐包容了人的情感的各个方面，所以能有效地铸造人格；音乐能超越意识直接作用于潜意识，因而在心理咨询中有特殊功效；音乐活动是相对有序的行为，有助于协调身心及建立和谐的人际关系，因此被广泛应用于行为的调整和矫正。

尽管音乐调适法并不是历史悠久的心理技术，但从最初的单纯聆听音乐形式到既聆听又有主动参与的形式，一直到发展成今天包括聆听音乐、简单乐器操作训练、选择音乐知识学习、乐曲

赏析、演唱歌曲、音乐游戏、音乐舞蹈等的综合性音乐活动，经过几十年的发展，可以说音乐调适法已经逐渐趋于成熟。目前音乐调适法的形式十分丰富，并且越来越多的应用于心理咨询和心身疾病的咨询领域。

音乐调适法是溯源心理咨询的绝佳补充技术，在引导来访者溯源心理问题的根源过程中，溯源心理咨询师完全可以借助音乐的力量来帮助来访者更好地思考，在对来访者进行放松技术训练时，也可以辅以适当的音乐来让来访者更好地放松精神和身体。

此外，音乐调适法对改善来访者的情绪有非常明显的效果，溯源心理咨询师可以根据来访者的具体情况，为其推荐一些适合聆听的音乐，让来访者在聆听音乐、哼唱歌曲的同时达到调节情绪的目的。

音乐调适法在溯源心理咨询中的应用非常广泛，还可以作为心理咨询前的"引入"。当来访者到达后正式开始心理咨询之前，咨询师可以先播放一段合适的音乐让来访者认真聆听，然后由聆听音乐的感受、情绪、心理状态等切入正式的心理咨询话题。

需要注意的是，溯源心理咨询师在使用音乐调适法时，一定要遵循循序渐进的原则，为来访者开具音乐推荐单时，所选择的音乐要从轻度音乐开始，然后过渡到中度音乐。音乐的播放音量上，也要遵循由小到达的原则，以便让来访者能够更好地适应。

第八节　　溯源心理咨询与森田技术

森田技术是日本东京慈惠会医科大学森田正马教授以东方哲学为理论，以自身心理疾患为灵感，历经临床实践、探索、研究而成的独特心理咨询方法。

森田正马认为发生神经质的人都有疑病素质，他们对身体和心理方面的不适极为敏感，而过敏的感觉又会促使进一步注意体验某种感觉，此感觉变得过敏，这个感觉的过敏，更使之注意固定于此感觉。这样一来，感觉和注意就出现一种交互作用。森田将这一现象称为"精神交互作用"，认为它是神经质产生的基本机制。此恶性循环反复的过程中，产生不安恐怖，引起自主神经系统的失调，精神交互作用又常常导致心理问题的固定，久而久之便形成一种固定的行为模式。

森田技术适用于神经质、强迫、社交恐怖、广场恐怖、惊恐发作等心理问题，另外对广泛性焦虑、疑病、抑郁等也有一定积极作用。

随着时代的发展，森田技术也在不断发展，其适用范围也随之扩大，人格障碍、酒精药物依赖等也可以使用森田技术，此外，森田技术还扩大到了正常人的生活适应和生活质量中。

"顺其自然、为所当为"是森田技术的基本原则。顺其自然就是接受和服从事物运行的客观法则，它能最终打破人的精神交互作用。要做到顺其自然就要求来访者在这一原则的指导下正视消极体验，接受各种问题的出现，把心思放在应该去做的事情上。这样一来，来访者心理的动机冲突排除了，痛苦就减轻了，心理

问题就能够得到有效缓解。

　　森田技术要消除思想矛盾，并对疑病素质的情感施加陶冶锻炼，使其摆脱疾病观念，针对精神交互作用的发展机制，顺应注意、情感等心理状况来应用措施，并按照来访者的表现和体会，经常使之体验顺从自然。

　　森田理论要求人们把烦恼等当作人的一种自然的感情来顺其自然地接受和接纳它，不要当作异物去拼命地想排除它，否则，就会由于"求不可得"而引发思想矛盾和精神交互作用，导致内心世界的激烈冲突。如果能够顺其自然地接纳所有的问题、痛苦以及不安、烦恼等情绪，默默承受和忍受这些带来的痛苦，就可从被束缚的机制中解脱出来，达到"消除或者避免心理问题消极面的影响，而充分发挥其正面的'生的欲望'的积极作用"的目的。

　　从森田技术的理论中不难看出，其所主张的顺其自然、为所当为与溯源心理咨询中的心之溯源、回到本源有异曲同工之妙。溯源心理咨询师在引导来访者进行心之溯源时，不妨同步借助森田理论来帮助来访者做到"顺其自然"。

　　森田技术强调不能简单地把消除异常表现作为目标，而应该把来访者从反复想消除异常表现的泥潭中解放出来，然后重新调整生活。溯源心理咨询师要明确告知来访者，不要指望立即消除异常表现，也不可能立即消除心理问题，而是要学会接纳自己、接纳自己的心理问题，学会与心理冲突和平共处。

　　情绪不是可由自己的力量所能左右的，想哭的时候非要让自己变得愉快，这本质上属于对自己本性的一种压抑，反而对心理健康不利。不被自己的情绪力量左右，不逃避真实的情绪和感受，顺其自然地接受一切，并通过行动去做该做的事情，这是森田理论所倡导的，也是溯源心理咨询希望来访者能够达到的一种心理境界。

第九节　溯源心理咨询与催眠技术

催眠是一种古老而神秘的技术，它的历史可以追溯到有人类历史记录之前。在遥远的过去，催眠被认为是近乎巫术甚至是仙术，又曾经一度在近现代被认为是不怀好意的邪术，但是由于其不可否认的作用，仍然作为一种心理技术被使用。

19 世纪末，弗洛伊德将催眠引入了心理咨询领域。弗洛伊德认为催眠能够使来访者回忆早年或社会文化中被压抑在潜意识中的心理创伤，同时可以通过催眠使力比多得到释放。从生理上讲催眠是脑选择性抑制，单调重复的暗示可以引起胜利的改变。从社会人际关系理论上讲，催眠是一种被催眠者放弃自主性，遵照履行施术者指令的技术。也就是说，催眠是心理—神经生理—社会关系有机结合在一起综合作用的结果。

到了 20 世纪 30 年代，实验心理学家加入到了对催眠的研究之中，克拉克·赫尔在《催眠与暗示：实验研究》一书中明确了关于催眠的 102 个问题，比如催眠感受性与职业、疲劳、困倦、药物、情绪和抵抗等的关系、影响催眠的因素、被催眠者的主观报告与

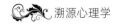

客观观察有何差异、催眠在戒烟、镇痛等方面的原理等。在克拉克·赫尔的影响下，催眠技术从神秘走向了科学。

此后，米尔顿·艾瑞克森促进了合作式的催眠，更多地强调利用来访者自身的资源而不是咨询师本身的技巧，将催眠带入到一个新的阶段。

催眠起源于远古人类的巫术和宗教活动。广义的催眠是指对特殊的刺激产生的心理状态的改变。狭义的催眠是指对人刺激言语、视觉、听觉或触觉来引起的一种特殊的意识状态。所谓催眠技术，即专业的心理咨询师在来访者的催眠状态下，导入持续暗示，让个体使用自己的想象，以改变个体的主观体验、知觉、感觉、情绪、行为。

催眠技术并不是一种独立的心理流派，它广泛存在于精神分析、认知行为矫正、家庭咨询等不同流派、不同结构的心理咨询当中。催眠暗示可以减少来访者的回避行为和降低焦虑，能提升来访者的应对技能和减轻心理问题的主观困扰，还可以改善其心理健康状况，降低心理健康风险，减缓心理问题的发展速度等。

溯源心理咨询师可以把催眠技术作为溯源时的工具，尤其是对于那些一谈及自己心理问题就持回避行为的来访者，催眠可以很好地打开溯源咨询的突破口，能够有效降低来访者对自己心理问题的焦虑、紧张、压抑等负性情绪。

需要注意的是，并不是所有来访者都适合使用催眠技术，溯源心理咨询师在对来访者使用催眠技术前，要对来访者的受暗示程度进行测试。

催眠敏感度测试的方法比较多样，常用的有舌尖柠檬测试、手臂上浮测试、双手扣紧测试等。

舌尖柠檬测试：当来访者进入放松状态，让他想象舌头上放了一片切好的柠檬片，柠檬皮是绿色的，果肉是白色透明的，柠檬汁正缓缓地滴在舌头上，甚至可以闻到柠檬的清香。来访者的反应越强烈，说明受暗示程度越高。

手臂上浮测试：让来访者将注意力集中在右手，从 1 数到 10，每数一个数字，来访者应该进入更深的催眠状态，这时对来访者说："你感觉到有一股力量使你的右手举起来，飘起来，看看你的右手可以举到多高。"从手臂上举的速度和高度可以判断催眠的敏感度。

在催眠状态下，心理咨询师将来访者从意识状态引入到潜意识状态。这时，来访者身体和心理都变得放松，注意力变得狭窄，想象力提高，受暗示性提高，意象变得丰富多彩和生动，情感增加或减少，心理防御降低，更容易聆听内在的声音，更容易接受暗示，常常感到自己处于一种解离状态下，将除了咨询师的刺激之外的所有其他刺激屏蔽在外。这时，咨询师可以通过暗示帮助来访者重新组织、重新联结、重新整合心理活动，然后重新固定背景，进而引导和激发联想，使来访者得到正面的鼓励，帮助其重构自己的经验和感受，解决心理问题，唤醒潜能，学会掌控自己的人生。

与其他心理咨询技术相比，催眠技术的难度高、风险大，对心理咨询师有很高的专业性要求，因此本着对来访者负责的态度，溯源心理咨询师在没有熟练掌握催眠技术前，不可对来访者进行催眠，如没有强烈的必要性，也不建议对来访者使用催眠技术。

第十节　　溯源心理咨询与认知行为技术

20 世纪六七十年代在美国发展起来的认知行为技术，于 1989 年由季建林、徐俊冕首次在《中国心理卫生杂志》中介绍到国内。目前，认知行为技术是国内心理咨询行业使用比较广泛的一种技术。

认知行为技术是根据认知心理学提出的认知过程影响情感和行为的理论假设，通过认知和行为技术来改变来访者不良认知的一种方法。实际上它并不是一个统一的学派，而是属于人本主义心理学范畴，不同的认知心理学家所秉承的理论观点不同，其心理咨询的具体做法也有差异，比较典型的代表有贝克的认知技术、艾利斯的理性情绪法、迈肯鲍姆的自我指导训练、戈弗雷特的应对技巧训练、考铁拉的隐匿示范等。

经过多年的发展，认知行为技术引入了许多不同流派的技术，在心理咨询领域日臻成熟和高效，目前已成为心理领域中的主要流派之一。认知行为技术是一种包容度非常大的技术，以其结构化、规范化、可预见的效果得到心理咨询界广泛认可，是目前全球最流行的成熟的心理咨询技术，目前被几乎所有发达国家医疗保险所认可。

认知行为理论认为：认知、情绪与行为的相互作用关系中，认知是情绪和行为的中介，三者之间相互不良的关系导致症状的发生。从认知行为技术的角度来看，来访者对事件的后果预期激发和维持问题行为，形成恶性循环造成来访者的问题。心理咨询师在具体事件和情境下矫正来访者功能障碍性思维应与矫正行为相结合，通过了解来访者现实的具体问题和人生经历、生活体验，为来访者赋能，建立他们的资源和技能，以目标为导向，改变功能不良的思维和行为，以解决此时此地的问题。

溯源心理咨询从来不是封闭的孤岛，相反这是一种非常开放的咨询方法，认知行为技术中的苏格拉底式提问以及箭头向下技术可以有效提升溯源心理咨询的效果，溯源心理咨询师在实际工作当中，可以根据来访者的实际情况，结合认知行为技术中的有益方法或做法，来帮助来访者尽早摆脱心理困扰，早日恢复心理健康。

1. 苏格拉底式提问

苏格拉底式提问是最具代表性的认知技术，溯源心理咨询师可以将其与来访者思维记录联合使用，能够有效校正来访者的负性自动思维，帮助其形成新的认知，从而解决其心理困扰和问题。

苏格拉底式提问的步骤：一是引导来访者试着去理解一种见解或看法的核心，并尝试以此来发现其在问题中存在的意义，比如询问来访者的想法有什么依据；二是把来访者所有的想法都当作引发其他想法的联结点，并寻找它们之间的联系，比如询问来访者 A 和 B 有什么关系；三是深入探索来访者的所有想法，比如向来访者表示困惑、不理解，然后引导其更详细具体地说出某个想法；四是来访者的所有问题和想法都是环环相扣，向来访者提出一个问题时，也要注意其引发的其他问题。

2. 箭头向下技术

箭头向下是认知行为最常用的技术之一，是指心理咨询师从一个失调性认知假设中派生的自动思维开始，通过不断向来访者

提问，有意识地挖掘来访者内心深层次的想法，从而了解来访者真正的问题所在，探索来访者不明确的潜在担心，引发焦虑、恐惧情绪背后的潜在中间信念、核心信念和图式，以对来访者歪曲的认知进行矫正。

溯源心理咨询师在追溯来访者心理问题根源的过程中，可以使用这一技术，引导来访者说出问题背后的真正原因所在。

箭头向下技术常用的问询句式主要有：如果……那么结果会怎样？会出现什么最糟糕的结果？为什么？你会怎么定义你的想法……我们怎么才能知道一个人是……的？它会让你烦恼是因为它会让你想到……对你来说意味着什么？

需要注意的是，溯源心理咨询师在使用该技术时，常常会遇到来访者有意识和无意识的阻抗，这时可以通过短时间沉默来让来访者作出更多努力，倘若来访者实在无法说出更多，那么可以把相关问题推后处理，等来访者做好充分准备后再继续。

第十一节　　溯源心理咨询与格式塔咨询技术

20 世纪 60 年代，皮尔斯创立了格式塔咨询技术，这种心理咨询技术强调人是有组织的整体，把心理或行为看作情感、思想、行动的整合过程，是一种非解释性、非分析性的心理咨询方法，广义上属于存在人本主义咨询方法。

皮尔斯认为格式塔咨询技术的本质是"我必须对于自己的存在承担一切责任"，强调来访者真实的体验和对自己负责，以及自我在他人之间有一个合适的疆界。格式塔咨询技术主张通过增加对自己此时此地躯体状况的知觉，认识被压抑的情绪和需求，从而认识自我、他人、成长环境，整合人格的分裂部分，改善不良的适应，协助来访者生活得更充实。格式塔咨询技术的特点是整合性和创造性。

格式塔咨询技术关注来访者非语言表达的内容，对身体语言的聚焦可以超越语言帮助发现来访者内在的冲突。在格式塔咨询技术中非常强调咨询师自己本身是心理咨询的工具，因此咨询师自己必须是协调一致的，并能够与来访者保持一致。

格式塔咨询技术强调来访者的直接经历和行为，而不仅仅是谈论来访者的感受。格式塔咨询技术是将来访者的行为作为帮助他们了解自己所具有的内在潜力的基础。这一技术还帮助来访者从梦境中发现其基本冲突，将以存在主义为基础的互动过程作为心理调适手段，将来访者的非语言行为视为理解来访者的核心所在。

格式塔咨询技术相信来访者会努力通过与自我、他人的接触、知觉和接触的边界将自己的思考感受和行为整合起来。通过让来访者成熟、成长、自我及自我与环境的整合，学会接受自我、自我负责，可以帮助来访者变得更有自我意识，并逐渐实现自我。

溯源心理咨询师在引导来访者追溯心理问题的根源过程中，可以借助格式塔咨询技术让来访者承认自己的体验而不是将其投射到他人身上，不抱怨责怪他人而是用自己的力量去支持自己，

学会对自己的行为保持觉知，为自己的行为负责，发展对自己身体、情感、情绪和心理问题的意识，了解自己的真实心理需求并训练其不伤害他人来满足自己的心理需求等。这些对于溯源的顺利开展都是有积极意义的

　　格式塔咨询技术的原则是生活在现在、生活在这里、停止猜想面对现实、接受不愉快的情感等，这与心理溯源咨询的原则是一脉相承的，过去的已经过去，不可改变，未来的还没有到来，只有当下才是真实的，才是有意义的，溯源心理咨询师在引导来访者把注意力集中到当下时，不妨使用格式塔咨询技术的部分做法，如空椅子技术等，来帮助来访者把精神集中到今天要做什么、怎样让现在的自己变得更好上，而不是把过多的精力用在关注心理冲突和障碍上。

　　需要注意的是，格式塔咨询技术采用的技术往往会引发来访者强烈的情绪反应，如果这些感受未能得到探索或是处理，这些感受可能成为心理咨询中未完成的事件，导致来访者无法将自己在心理咨询中的收获进行整合，导致心理咨询无效。因此，溯源心理咨询师在使用格式塔咨询技术时，一定要对来访者的情绪反应进行深度探索或处理，防止出现"未完成事件"，以免影响其心理咨询的效果。

第八章

溯源心理咨询常用量表

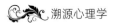

第一节　积极情绪与消极情绪的自我评估（PNSA）

积极情绪与消极情绪的自我评估（PNSA），测试题目数量不多，只有20道，来访者可以在很短的时间完成测验。此量表可以帮助溯源心理咨询师，快速了解来访者的情绪整体状况，是一种十分常用且实用的心理量表。

积极情绪与消极情绪自我评估（PNSA）

姓名：_____　日期：_____年____月____日

【指导语】请用1至10的不同数字来表示在过去的一天24小时里，你能体验到的以下二组情绪的最大值，然后分别相加得出每一组情绪的总分并加以对比。1~39分为低，40~69为中，70~100为高。各组情绪超过80分或低于20分都需要予以关注和调适。

第一组：积极情绪自我评估

　1.你所感觉到的逗趣、好玩或可笑的最大程度有多少？（　　　）

　2.你所感觉到的敬佩、惊奇或感叹的最大程度有多少？（　　　）

　3.你所感觉到的感激、赞赏或感恩的最大程度有多少？（　　　）

　4.你所感觉到的希望、乐观或鼓舞的最大程度有多少？（　　　）

　5.你所感觉到的激励、振奋或高兴的最大程度有多少？（　　　）

6.你所感觉到的兴趣、吸引或好奇的最大程度有多少？　（　　　）

7.你所感觉到的快乐、高兴或幸福的最大程度有多少？　（　　　）

8.你所感觉到的爱、亲密感或信任的最大程度有多少？　（　　　）

9.你所感觉到的自豪、自信或自尊的最大程度有多少？　（　　　）

10.你所感觉到的宁静、满足或平和的最大程度有多少？　（　　　）

分数（　　　）

第二组：消极情绪

1.你所感觉到的压力、紧张或郁闷的最大程度有多少？　（　　　）

2.你所感觉到的恐惧、害怕或担心的最大程度有多少？　（　　　）

3.你所感觉到的仇恨、不满或怀疑的最大程度有多少？　（　　　）

4.你所感觉到的内疚、忏悔或自责的最大程度有多少？　（　　　）

5.你所感觉到的尴尬、难受或羞愧的最大程度有多少？　（　　　）

6.你所感觉到的反感、讨厌或厌恶的最大程度有多少？　（　　　）

7.你所感觉到的轻蔑、藐视或鄙夷的最大程度有多少？　（　　　）

8.你所感觉到的羞愧、屈辱或丢脸的最大程度有多少？　（　　　）

9.你所感觉到的生气、愤怒或懊恼的最大程度有多少？　（　　　）

10.你所感觉到的悲伤、消沉或不幸的最大程度有多少？　（　　　）

分数（　　　）

第二节　卡特尔 16 种人格因素问卷（16PF）

人格是稳定的、习惯化的思维方式和行为风格，它贯穿于人的整个心理，是人的独特性的整体写照。卡特尔 16 种人格因素问卷（16PF），是美国伊利诺州立大学人格及能力测验研究所卡特尔教授编制的用于人格检测的一种问卷，简称 16PF。此问卷适用于 16 岁以上的青年和成人，测验题目共计 187 道，题目数量较多，来访者需要较多时间（推荐测试时间为 45 分钟）才能完成测验，是一个比较有深度的心理量表，可以帮助溯源心理咨询师，立体全面地了解来访者的人格特征，方便对来访者的人格类型进行深入了解和判断。

卡特尔十六种人格因素问卷（１６ＰＦ）

姓名：＿＿＿＿＿＿＿＿＿＿　日期：＿＿＿＿＿＿年＿＿月＿＿日

【指导语】卡特尔十六种人格因素测验包括一些有关个人兴趣与态度的问题。每个人都有自己的看法，对问题的回答自然不同。无所谓正确或错误。请来试者尽量表达自己的意见。

本测验共有 187 道题，每道题有三种选择，请将你的选择用"√"号标记在相应的空格内。回答时，请注意下列四点：

一是请不要费时斟酌。应当顺其自然地依你个人的反应选答。一般说来，问题都略嫌简短而不能包含所有有关的因素或条件。通常每分钟可做五六题，全部问题应在半小时内完成。

二是除非在万不得已的情形下，尽量避免如"介乎 A 与 C 之间"

或"不甚确定"这样的中性答案。

三是请不要遗漏，务必对每一个问题作答。有些问题似乎不符合于你，有些问题又似乎涉及隐私，但本测验的目的，在于研究比较青年或成人的兴趣和态度，希望来试者真实作答。

四是回答时，请坦白表达自己的兴趣与态度，不必顾虑到主试者或其他人的意见与立场。

测验题如下：

1.我很明了本测验的说明。
　□A 是的　　　□B 不一定　　　□C 不是的

2.我对本测验每个问题都会按自己的真实情况作答。
　□A 是的　　　□B 不一定　　　□C 不同意

3.有度假机会时，我宁愿：
　□A 去一个繁华的都市　　　□B 介乎A与C之间.
　□C 闲居清静而偏僻的郊区

4.我有足够的能力应付困难。
　□A 是的　　　□B 不一定　　　□C 不是的

5.即使是关在铁笼内的猛兽，我见了也会惴惴不安。
　□A 是的　　　□B 不一定　　　□C 不是的

6.我总避免批评别人的言行。
　□A 是的　　　□B 有时如此　　　□C 不是的

7.我的思想似乎：
　□A 走在了时代前面　　　□B 不太一定　　　□C 正符合时代

8.我不擅长说笑话讲趣事。
　　□A 是的　　　□B 介乎A与C之间　　　□C 不是的

9.当我看到亲友邻居争执时，我总是：
　　□A 任其自己解决　　　□B 置之不理　　　□C 予以劝解

10.在社交场合中，我：
　　□A 谈吐自然　　　□B 介乎A与C之间
　　□C 退避三舍，保持沉默

11.我愿做一名：
　　□A 建筑工程师　　　□B 不确定　　　□C 社会科学的教员

12.阅读时，我宁愿选读：
　　□A 著名的宗教教义　　　□B 不确定
　　□C 国家政治组织的理论

13.我相信许多人都有些心理不正常，但他们都不愿意这样承认。
　　□A 是的　　　□B 介乎A与C之间　　　□C 不是的

14.我所希望的结婚对象应擅长交际而无须有文艺才能。
　　□A 是的　　　□B 不一定　　　□C 不是的

15.对于头脑简单和不讲理的人，我仍然能待之以礼。
　　□A 是的　　　□B 介乎A与C之间　　　□C 不是的

16.受人侍奉时我常感到不安：
　　□A 是的　　　□B 介乎A与C之间　　　□C 不是的

17.从事体力或脑力劳动后，我比平常人需要更多的休息才能恢复工作效率。
　　□A 是的　　　□B 介乎A与C之间　　　□C 不是的

18.半夜醒来，我会为种种忧虑而不能再入眠。
　　□A 常常如此　　　□B 有时如此　　　□C 极少如此

19.事情进行不顺利时，我常会急得掉眼泪。
　　□A 从不如此　　　□B 有时如此　　　□C 时常如此

20.我认为只要双方同意就可以离婚，不应当受传统礼教的束缚。
　　□A 是的　　　□B 介乎A与C之间　　　□C 不是的

21.我对于人或物的兴趣都很容易改变。
　　□A 是的　　　□B 介乎A与C之间　　　□C 不是的

22.筹划事务时，我宁愿:
　　□A 和别人合作　　　□B 不确定　　　□C 自己单独进行

23.我常会无端地自言自语。
　　□A 常常如此　　　□B 偶然如此　　　□C 从不如此

24.无论工作，饮食或出游，我总:
　　□A 很匆忙，不能尽兴　　　□B 介乎A与C之间
　　□C 很从容不迫

25.有时我会怀疑别人是否对我的言谈真正有兴趣。
　　□A 是的　　　□B 介乎A与C之间　　　□C 不是的

26.在工厂中，我宁愿负责:
　　□A 机械组　　　□B 介乎A与C之间　　　□C 人事组

27.在阅读时，我宁愿选读：

　　□A 太空旅行　　　□B 不太确定　　　□C 家庭教育

28.下列三个字中哪个字与其他两个字属于不同类别？

　　□A 狗　　　□B 石　　　□C 牛

29.如果我能重新做人，我要：

　　□A 把生活安排得和以前不同　　　□B 不确定

　　□C 生活得和以前相仿

30.在我的一生中，我总能达到我所预期的目标。

　　□A 是的　　　□B 不一定　　　□C 不是的

31.当我说谎时，我总觉得内心不安，不敢正视对方。

　　□A 是的　　　□B 不一定　　　□C 不是的

32.假使我手持一支装有子弹的手枪，我必须取出子弹后才能心安。

　　□A 是的　　　□B 介乎A与C之间　　　□C 不是的

33.朋友们大都认为我是一个说话有风趣的人。

　　□A 是的　　　□B 不一定　　　□C 不是的

34.如果人们知道我的内心世界，他们都会感到惊讶。

　　□A 是的　　　□B 不一定　　　□C 不是的

35.在社交场合中，如果我突然成为众所注意的中心，我会感到局促不安。

　　□A 是的　　　□B 介乎A与C之间　　　□C 不是的

36.我总喜欢参加规模庞大的聚会，舞会或公共集会。

　　□A 是的　　　□B 介乎A与C之间　　　□C 不是的

37.在下列工作中，我喜欢的是：
　　□A 音乐　　　□B 不一定　　　□C 手工

38.我常常怀疑那些过于友善的人动机是否如此。
　　□A 是的　　　□B 介乎A与C之间　　　□C 不是的

39.我宁愿自己的生活像：
　　□A 一个艺人或博物学家　　　□B 不确定
　　□C 会计师或保险公司的经纪人

40.目前世界所需要的是：
　　□A 多产生一些富有改善世界计划的理想家　　　□B 不确定
　　□C 脚踏实地的可靠公民

41.有时候我觉得我需要做剧烈的体力活动。
　　□A 是的　　　□B 介乎A与C之间　　　□C 不是的

42.我愿意与有礼貌有教养的人来往，而不愿和粗鲁野蛮的人为伍。
　　□A 是的　　　□B 介乎A与C之间　　　□C 不是的

43.在处理一些必须凭借智慧的事务中，我的父母的确：
　　□A 较一般人差　　　□B 普通　　　□C 超人一等

44.当上司(或教师)召见我时，我：
　　□A 总觉得可以趁机会提出建议　　　□B 介乎A与C之间
　　□C 总怀疑自己做错了什么事

45.假使薪俸优厚，我愿意专任照料精神病人的职务。
　　□A 是的　　　□B 介乎A与C之间　　　□C 不是的

46.看报时，我喜欢读：
    □A 当前世界基本社会问题的辩论   □B 介乎A与C之间
    □C 地方新闻的报道

47.我曾担任过：
    □A 一般职务   □B 多种职务   □C 非常多的职务

48.逛街时，我宁愿观看一个画家写生，而不愿听人家的辩论。
    □A 是的   □B 不一定   □C 不是的

49.我的神经脆弱，稍有刺激的声音就会使我战惊。
    □A 时常如此   □B 有时如此   □C 从未如此

50.我在清晨起身时，就常常感到疲乏不堪。
    □A 是的   □B 介乎A与C之间   □C 不是的

51.我宁愿是一个：
    □A 管森林的工作人员   □B 不一定   □C 中小学教员

52.每逢年节或亲友生日，我：
    □A 喜欢互相赠送礼物   □B 不太确定
    □C 觉得交换礼物是麻烦多事

53.下列数字中，哪个数字与其他两个数字属于不同类别？
    □A 5   □B 2   □C 7

54."猫"与"鱼"就如同"牛"与：
    □A 牛乳   □B 牧草   □C 盐

55.在做人处事的各个方面，我的父母很值得敬佩。
    □A 是的   □B 不一定   □C 不是的

56.我觉得我有一些别人所不及的优良品质。
　　□A 是的　　　□B 不一定　　　□C 不是的

57.只要有利于大家，尽管别人认为卑贱的工作，我也乐而为之，不以为耻。
　　□A 是的　　　□B 不太确定　　　□C 不是的

58.我喜欢看电影或参加其他娱乐活动:
　　□A 每周一次以上(比一般人多)　　□B 每周一次(与通常人相似)
　　□C 偶然一次(比通常人少)

59.我喜欢从事需要精确技术的工作。
　　□A 是的　　　□B 介乎A与C之间　　　□C 不是的

60.在有思想，有地位的长者面前，我总较为缄默。
　　□A 是的　　　□B 介乎A与C之间　　　□C 不是的

61.就我来说，在大众前演讲或表演是一件不容易的事。
　　□A 是的　　　□B 介乎A与C之间　　　□C 不是的

62.我宁愿:
　　□A 指挥几个人工作　　　□B 不确定　　　□C 和团体共同工作

63.纵使我做了一桩贻笑大方的事，我也仍然能够将它淡然忘却。
　　□A 是的　　　□B 介乎A与C之间　　　□C 不是的

64.没有人会幸灾乐祸地希望我遭遇困难。
　　□A 是的　　　□B 不确定　　　□C 不是的

65.堂堂男子汉应该:
　　□A 考虑人生的意义　　　□B 不确定　　　□C 谋家庭的温饱

溯源心理学

66.我喜欢解决别人已弄得一塌糊涂的问题。
　　□A 是的　　　□B 介乎A与C之间　　　□C 不是的

67.我十分高兴的时候总有"好景不常"之感。
　　□A 是的　　　□B 介乎A与C之间　　　□C 不是的

68.在一般困难处境下，我总能保持乐观。
　　□A 是的　　　□B 不一定　　　□C 不是的

69.迁居是一桩极不愉快的事。
　　□A 是的　　　□B 介乎A与C之间　　　□C 不是的

70.在我年轻的时候，如果我和父母的意见不同，我经常：
　　□A 坚持自己的意见　　　□B 介乎A与C之间
　　□C 接受他们的意见

71.我希望我的爱人能够使家庭：
　　□A 有其本身的欢乐与活动　　　□B 介乎A与C之间
　　□C 成为邻里社交活动的一部分

72.我解决问题多数依靠：
　　□A 个人独立思考　　　□B 介乎A与C之间
　　□C 与人互相讨论

73.需要"当机立断"时，我总：
　　□A 镇静地运用理智　　　□B 介乎A与C之间
　　□C 常常紧张兴奋，不能冷静思考

74.最近，在一两桩事情上，我觉得自己是无辜受累。
　　□A 是的　　　□B 介乎A与C之间　　　□C 不是的

75.我善于控制我的表情。
　　□A 是的　　　□B 介乎A与C之间　　　□C 不是的

76.如果薪俸相等，我宁愿做：
　　□A 一个化学研究师　　　□B 不确定　　　□C 旅行社经理

77."惊讶"与"新奇"犹如"惧怕"与：
　　□A 勇敢　　　□B 焦虑　　　□C 恐怖

78.下列三个分数中，哪一个与其他两个属不同类别？
　　□A 3/7　　　□B 3/9　　　□C 3/11

79.不知什么缘故，有些人故意回避或冷淡我。
　　□A 是的　　　□B 不一定　　　□C 不是的

80.我虽善意待人，却得不到好报。
　　□A 是的　　　□B 不一定　　　□C 不是的

81.我不喜欢那些夜郎自大，目空一切的人。
　　□A 是的　　　□B 介乎A与C之间　　　□C 不是的

82.和一般人相比，我的朋友的确太少。
　　□A 是的　　　□B 介乎A与C之间　　　□C 不是的

83.出于万不得已时，我才参加社交集会，否则我总设法回避。
　　□A 是的　　　□B 不一定　　　□C 不是的

84.在服务机关中，对上级的逢迎得当，比工作上的表现更为重要。
　　□A 是的　　　□B 介乎A与C之间　　　□C 不是的

85.参加竞赛时，我看重的是竞赛活动，而不计较其成败。

　　□A 总是如此　　　□B 一般如此　　　□C 偶然如此

86.我宁愿我所就的职业有：

　　□A 固定可靠的薪水　　　　　　□B 介乎A与C之间

　　□C 薪资高低能随我工作的表现而随时调整

87.我宁愿阅读：

　　□A 军事与政治的事实记载　　　□B 不一定

　　□C 一部富有情感与幻想的作品

88.有许多人不敢欺骗或犯罪，主要原因是怕受到惩罚。

　　□A 是的　　　□B 介乎A与C之间　　　□C 不是的

89.我的父母(或保护人)从未很严格地要我事事顺从。

　　□A 是的　　　□B 不一定　　　□C 不是的

90."百折不挠""再接再厉"的精神似乎完全被现代人忽视了。

　　□A 是的　　　□B 不一定　　　□C 不是的

91.如果有人对我发怒，我总：

　　□A 设法使他镇静下来　　　□B 不太确定　　　□C 也会恼怒起来

92.我希望大家都提倡：

　　□A 多吃水果以避免杀生　　　□B 不一定

　　□C 发展农业捕灭对农产品有害的动物

93.无论在极高的屋顶上或极深的隧道中，我很少觉得胆怯不安。

　　□A 是的　　　□B 介乎A与C之间　　　□C 不是的

94.我只要没有过错，不管人家怎样归咎于我，我总能心安理得。
　　□A 是的　　　□B 不一定　　　□C 不是的

95.凡是无法运用理智来解决的问题，有时就不得不靠权力来处理。
　　□A 是的　　　□B 介乎A与C之间　　　□C 不是的

96.我十六七岁时与异性朋友的交游：
　　□A 极多　　　□B 介乎A与C之间　　　□C 不很多

97.我在交际场所参加的组织中是一个活跃分子。
　　□A 是的　　　□B 介乎A与C之间　　　□C 不是的

98.在人声嘈杂中，我仍能不受妨碍，专心工作。
　　□A 是的　　　□B 介乎A与C之间　　　□C 不是的

99.在某环境下，我常因困惑引起幻想而将工作搁置下来。
　　□A 是的　　　□B 介乎A与C之间　　　□C 不是的

100.我很少用难堪的话去中伤别人的感情。
　　□A 是的　　　□B 不太确定　　　□C 不是的

101.我更愿意做一名：
　　□A 商店经理　　　□B 不确定　　　□C 建筑师

102."理不胜辞"的意思是：
　　□A 理不如辞　　　□B 理多而辞寡　　　□C 辞藻丰富而理由不足

103."锄头"与"挖掘"犹如"刀子"与：
　　□A 雕刻　　　□B 切剖　　　□C 铲除

104.我常横过街道，以回避我不愿招呼的人。
　　□A 很少如此　　□B 偶然如此　　□C 有时如此

105.在我倾听音乐时，如果人家高谈阔论：
　　□A 我仍然能够专心听，不受影响　　□B 介乎A与C之间
　　□C 我会不能专心欣赏而感到恼怒

106.在课堂上，如果我的意见与教师不同，我常：
　　□A 保持缄默　　□B 不一定　　□C 当场表明立场

107.我和异性友伴交谈时，竭力避免涉及有关"性"的话题。
　　□A 是的　　□B 介乎A与C之间　　□C 不是的

108.我待人接物的确不太成功。
　　□A 是的　　□B 不尽然　　□C 不是的

109.每当考虑困难问题时，我总是：
　　□A 一切都未雨绸缪　　□B 介乎A与C之间
　　□C 相信到时候会自然解决

110.我所结交的朋友中，男女各占一半。
　　□A 是的　　□B 介乎A与C之间　　□C 不是的

111.我宁可：
　　□A 结识很多的人　　□B 不一定　　□C 维持几个深交的朋友

112.我宁为哲学家，而不做机械工程师。
　　□A 是的　　□B 不确定　　□C 不是的

113.如果我发现某人自私不义，我总不计一切指摘他的弱点。
　　□A 是的　　□B 介乎A与C之间　　□C 不是的

114.我善用心机去影响同伴，使他们能协助实现我的目标。

　　□A 是的　　□B 介乎A与C之间　　□C 不是的

115.我喜欢做戏剧，音乐，歌剧等新闻采访工作。

　　□A 是的　　□B 不一定　　□C 不是的

116.当人们颂扬我时，我总觉得不好意思。

　　□A 是的　　□B 介乎A与C之间　　□C 不是的

117.我以为现代最需要解决的问题是:

　　□A 政治纠纷　　□B 不太确定　　□C 道德标准的有无

118.我有时会无故地产生一种面临横祸的恐惧。

　　□A 是的　　□B 有时如此　　□C 不是的

119.我在童年时，害怕黑暗的次数:

　　□A 极多　　□B 不太多　　□C 没有

120.黄昏闲暇，我喜欢:

　　□A 看一部历史探险影片　　□B 不一定

　　□C 念一本科学幻想小说

121.当人们批评我古怪时，我觉得:

　　□A 非常气恼　　□B 有些动气　　□C 无所谓

122.在一个陌生的城市找住址时，我经常:

　　□A 就人问路　　□B 介乎A与C之间　　□C 参考市区地图

123.朋友们申言要在家休息时，我仍设法怂恿他们外出。

　　□A 是的　　□B 不一定　　□C 不是的

124.在就寝时，我:
　　□A 不易入睡　　□B 介乎A与C之间　　□C 极容易入睡

125.有人烦扰我时，我:
　　□A 能不露生色　　□B 介乎A与C之间
　　□C 要说给别人听，以泄气愤

126.如果薪俸相等，我宁愿做一个:
　　□A.律师　　□B 不确定　　□C 飞行员或航海员

127.时间永恒是比喻:
　　□A 时间过得很慢　　□B 忘了时间　　□C 光阴一去不复返

128.下列三项记号中，哪一项应紧接:*OOOO**OOO***?
　　□A *O*　　□B OO*　　□C O**

129.在陌生的地方，我仍能清楚地辨别东西南北的方向。
　　□A 是的　　□B 介乎A与C之间　　□C 不是的

130.我的确比一般人幸运，因为我能从事自己所乐的工作。
　　□A 是的　　□B 不一定　　□C 不是的

131.如果我急于想借用别人的东西而物主恰又不在，我认为不告而取亦无大碍。
　　□A 是的　　□B 介乎A与C之间　　□C 不是的

132.我喜欢向友人追述一些已往有趣的社交经验。
　　□A 是的　　□B 介乎A与C之间　　□C 不是的

133.我更愿意做一名:
　　□A 演员　　□B 不确定　　□C 建筑师

134.工作学习之余，我总要安排计划，不使时间浪费。
　　□A 是的　　□B 介乎A与C之间　　□C 不是的

135.与人交际时，我常会无端地产生一种自卑感。
　　□A 是的　　□B 介乎A与C之间　　□C 不是的

136.主动与陌生人交谈:
　　□A 是一桩难事　　□B 介乎A与C之间　　□C 毫无困难

137.我喜欢的音乐，多数是:
　　□A 轻快活泼　　□B 介乎A与C之间　　□C 富于情感

138.我爱做"白日梦"即"完全沉浸于幻想之中"。
　　□A 是的　　□B 不一定　　□C 不是的

139.未来二十年的世界局势定将好。
　　□A 是的　　□B 不一定　　□C 不是的

140.童年时，我喜欢阅读:
　　□A 战争故事　　□B 不确定　　□C 神仙幻想故事

141.我素来对机械、汽车、飞机等有兴趣。
　　□A 是的　　□B 介乎A与C之间　　□C 不是的

142.我愿意做一个缓刑释放罪犯的管理监视人。
　　□A 是的　　□B 介乎A与C之间　　□C 不是的

143.人们认为我只不过是一个能苦干，稍有成就的人而已。
　　□A 是的　　□B 介乎A与C之间　　□C 不是的

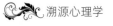
144.在逆境中，我总能保持精神振奋。
　　□A 是的　　□B 不太确定　　□C 不是的

145.我以为人工节育是解决世界经济与和平问题的要诀。
　　□A 是的　　□B 不太确定　　□C 不是的

146.我喜欢独自筹划，避免人家的干涉和猜疑。
　　□A 是的　　□B 介乎A与C之间　　□C 不是的

147.我相信"上司不可能没有过错，但他仍有权做当权者"。
　　□A 是的　　□B 不一定　　□C 不是的

148.我总设法使自己不粗心大意，忽略细节。
　　□A 是的　　□B 介乎A与C之间　　□C 不是的

149.与人争辩或险遭事故后，我常发抖，精疲力竭，不能安心工作。
　　□A 是的　　□B 介乎A与C之间　　□C 不是的

150.没有医生处方，我从不乱用药。
　　□A 是的　　□B 介乎A与C之间　　□C 不是的

151.为了培养个人的兴趣，我愿意参加：
　　□A 摄影组　　□B 不确定　　□C 辩论会

152.星火，燎原对等于姑息：　　□A 同情　　□B 养奸　　□C 纵容

153."钟表"与"时间"犹如"裁缝"与：□A 西装　　□B 剪刀
□C 布料

154.生动的梦境常常滋扰我的睡眠：
　　□A 时常如此　　□B 偶然如此　　□C 从未如此

155.我过去曾撕毁一些禁止人们自由的布告。
  □A 是的　　□B 介乎A与C之间　　□C 不是的

156.在一个陌生的城市中，我会：
  □A 到处闲游　　□B 不确定　　□C 避免去较不安全的地方

157.我宁愿服饰素洁大方，而不愿争奇斗艳惹人注目。
  □A 是的　　□B 不太确定　　□C 不是的

158.黄昏时，安静的娱乐远胜过热闹的宴会。
  □A 是的　　□B 不太确定　　□C 不是的

159.我常常明知故犯，不愿意接受好心的建议：
  □A 偶然如此　　□B 罕有如此　　□C 从不如此

160.我总把"是非""善恶"作为判断或取舍的原则。
  □A 是的　　□B 介乎A与C之间　　□C 不是的

161.我工作时不喜欢有许多人在旁参观。
  □A 是的　　□B 介乎A与C之间　　□C 不是的

162.故意去为难一般有教养的人，如医生，教师等人的尊严，是一件有趣的事。　□A 是的　　□B 介乎A与C之间　　□C 不是的

163.在各种课程中，我较喜欢：□A 语文　　□B 不确定　　□C 数学

164.那些自以为是、道貌岸然的人最使我生气。
  □A 是的　　□B 介乎A与C之间　　□C 不是的

165.与平常循规蹈矩的人交谈：
  □A 颇有兴趣，亦有所得　　□B 介乎A与C之间
  □C 他们思想的肤浅使我厌烦

166.我喜欢:
　　□A 有几个有时对我很苛求而富有感情的朋友
　　□B 介乎A与C之间　　　　　□C 不受别人的牵涉

167.如果做民意投票时，我宁愿投票赞同:
　　□A 切实根绝有生理缺陷者的生育　　□B 不确定
　　□C 对杀人犯判处死刑

168.我有时会无端地感到沮丧痛苦。
　　□A 是的　　　□B 介乎A与C之间　　　　□C 不是的

169.当我与立场相反的人辩论时，我主张:
　　□A 尽量找出基本观点的差异　　　　□B 不一定
　　□C 彼此让步以解决矛盾

170.我一向重感情而不重理智，因此我的观点常动摇不定。
　　□A 是的　　　□B 不敢如此　　　　□C 不是的

171.我的学习效率多有赖于:
　　□A 阅读好书　　□B 介乎A与C之间　　□C 参加团体讨论

172.我宁选一个薪俸高的工作，不在乎有无保障;而不愿任薪俸低的
固定工作。　　　□A 是的　　　□B 不太确定　　　□C 不是的

173.在参加辩论以前，我总先把握住自己的立场:
　　□A 经常如此　　□B 一般如此　　□C 必要时才如此

174.我常被一些无所谓的琐事所烦扰。
　　□A 是的　　　□B 介乎A与C之间　　　　□C 不是的

175.我宁愿住在嘈杂的城市，而不愿住在安静的乡村。
　　□A 是的　　　□B 不太确定　　　□C 不是的

176.我宁愿：
　　□A 负责领导儿童游戏　　　□B 不确定　　　□C 协助钟表修理

177.一人一事众人受累，我对这句话的反应是：
　　□A 愤　　　□B 债　　　□C 喷

178.望子成龙的家长往往拔苗助长：
　　□A 揠　　　□B 堰　　　□C 偃

179.气候的转变并不影响我的情绪。
　　□A 是的　　　□B 介乎A与C之间　　　□C 不是的

180.因为我对于一切问题都有些见解，大家都公认我富于思想。
　　□A 是的　　　□B 介乎A与C之间　　　□C 不是的

181.我讲话的声音：
　　□A 宏亮　　　□B 介乎A与C之间　　　□C 低沉

182.人们公认我是一个活跃热情的人。
　　□A 是的　　　□B 介乎A与C之间　　　□C 不是的

183.我喜欢有旅行和变动机会的工作，而不计较工作本身是否有保障。
　　□A 是的　　　□B 介乎A与C之间　　　□C 不是的

184.我治事严格，凡事都务求正确尽善。
　　□A 是的　　　□B 介乎A与C之间　　　□C 不是的

185.在取回或归还东西时，我总仔细检查是否东西还保持原状。
　　□A 是的　　　□B 介乎A与C之间　　　□C 不是的

186.我通常精力充沛，忙碌多事。
　　□A 是的　　　□B 不一定　　　□C 不是的

187.我确信我没有遗漏或不经心回答上面任何问题。
　　□A 是的　　　□B 不确定　　　□C 不是的

计分：

　　计分前，请先检查有无明显错误及遗漏。除聪慧性 (B) 量表的测题外，其他各分量表的测题无对错之分，每一测题各有 a、b、c 三个答案，可按 0、1、2 三等记分 (B 量表的测题有正确答案，采用二级记分，答对给 1 分，答错给 0 分)。使用计分模板得出各因素的原始分，再将原始分按常模表换算成标准分（标准 10 分制）。这样即可依此分得出受测者的人格因素轮廓图，也可以此分去评价受测者的相应人格特点。或由计算机进行评分，抄录计算机评分结果。

　　1~3 分为低分，8~10 分为高分。

　　因素 A 乐群性：高分者外向、热情、乐群；低分者缄默、孤独、内向。

　　因素 B 聪慧性：高分者聪明、富有才识；低分者迟钝、学识浅薄。

　　因素 C 稳定性：高分者情绪稳定而成熟；低分者情绪激动不稳定。

　　因素 E 恃强性：高分者好强固执、支配攻击；低分者谦虚顺从。

因素 F 兴奋性：高分者轻松兴奋、逍遥放纵；低分者严肃审慎、沉默寡言。

因素 G 有恒性：高分者有恒负责、重良心；低分者权宜敷衍、原则性差。

因素 H 敢为性：高分者冒险敢为，少有顾忌，主动性强；低分者害羞、畏缩、退却。

因素 I 敏感性：高分者细心、敏感、好感情用事；低分者粗心、理智、着重实际。

因素 L 怀疑性：高分者怀疑、刚愎、固执己见；低分者真诚、合作、宽容、信赖随和。

因素 M 幻想性：高分者富于想象、狂放不羁；低分者现实、脚踏实地、合乎成规。

因素 N 世故性：高分者精明、圆滑、世故、人情练达、善于处世；低分者坦诚、直率、天真。

因素 O 忧虑性：高分者忧虑抑郁、沮丧悲观、自责、缺乏自信；低分者安详沉着、有自信心。

因素 Ql 实验性：高分者自由开放、批评激进；低分者保守、循规蹈矩、尊重传统。

因素 Q2 独立性：高分者自主、当机立断；低分者依赖、随群附众。

因素 Q3 自律性：高分者知己知彼、自律谨严；低分者不能自制、不守纪律、自我矛盾、松懈、随心所欲。

因素 Q4 紧张性：高分者紧张、有挫折感、常缺乏耐心、心神不定，时常感到疲乏；低分者心平气和、镇静自若、知足常乐。

第三节　明尼苏达多相人格测验（MMP1-399）

明尼苏达多相人格测验（MMP1 — 399）是 20 世纪 40 年代初由美国明尼苏达大学教授哈撒韦（S · R · Hathaway）和麦金利（J · C · Mckinley）编制的。本测验对每个受试者的个性特点提供的客观评价，可以为溯源心理咨询师的心理咨询工作提供非常实用的参考。本测验适用于年满 16 岁、初中以上文化水平及没有什么影响测验结果的生理缺陷的人群。测验题目共有 399 道，数量很多，来访者完成测验需要的时间较长（建议施测时间为 1 个半小时到 2 个小时，也可以分几次完成），此量表是一个非常有深度的、涉及多个维度和方面的心理量表，由 10 个临床量表，即疑病量表 Hs、抑郁量表 D、癔症量表 Hy、精神量表 Pd、性度量表 Mf、妄想量表 Pa、精神衰弱 Pt、精神分裂 Sc、轻躁狂量 Ma、社会内向 Si；4 个效度量表，即疑问量表（Q）、说谎量表（L）、诈病量表（V）、校正量表（C）共同组成。溯源心理咨询师在使用此量表时，要考虑好时机以及时间上的安排等。

明尼苏达多相人格问卷简版（MMPI-399）

1.我喜欢看机械方面的杂志。　是 ☐　否 ☐　无法回答 ☐

2.我的胃口很好。　是 ☐　否 ☐　无法回答 ☐

3.我早上起来的时候，多半觉得睡眠充足，头脑清醒。
　是 ☐　否 ☐　无法回答 ☐

4.我想我会喜欢图书管理员的工作。是 ☐　否 ☐　无法回答 ☐

5.我很容易被吵醒。　是 □　　否 □　　无法回答 □

6.我喜欢看报纸上的犯罪新闻。　　是 □　　否 □　　无法回答 □

7.我的手脚经常是暖和的。　是 □　　否 □　　无法回答 □

8.我的日常生活中充满了使我感兴趣的事情。
　　是 □　　否 □　　无法回答 □

9.我现在的工作（学习）的能力和从前差不多。
　　是 □　　否 □　　无法回答 □

10.我的喉咙里总好像有一块东西堵着似的。
　　是 □　　否 □　　无法回答 □

11.一个人应该去了解自己的梦，并从中得到指导和警告。
　　是 □　　否 □　　无法回答 □

12.我喜欢侦探小说或神秘小说。　　是 □　　否 □　　无法回答 □

13.我总是在很紧张的情况下工作。　　是 □　　否 □　　无法回答 □

14.我每个月至少有一两次拉肚子。　　是 □　　否 □　　无法回答 □

15.偶尔我会想到一些坏得说不出口的事。是 □ 否 □ 无法回答 □

16.我深信生活对我是残酷的。　　是 □　　否 □　　无法回答 □

17.我的父亲是一个好人。　　是 □　　否 □　　无法回答 □

18.我很少有大便不通的毛病。　　是 □　　否 □　　无法回答 □

19.当我干一件新的工作时，总喜欢别人告诉我我应该接近谁。
　　是 □　否 □　无法回答 □

20.我的性生活是满意的。　　是 □　　否 □　　无法回答 □

21.有时我非常想离开家。　　是 □　　否 □　　无法回答 □

22.有时我会哭一阵笑一阵，连自己也不能控制。
　　是 □　否 □　无法回答 □

23.恶心和呕吐的毛病使我苦恼。　　是 □　　否 □　　无法回答 □

24.似乎没有一个人了解我。　　　是 □　　否 □　　无法回答 □

25.我想当一个歌唱家。　　　　是 □　　否 □　　无法回答 □

26.当我处境困难的时候，我觉得最好是不开口。
　　是 □　否 □　　无法回答 □

27.有时我觉得有鬼附在我身上。　是 □　　否 □　　无法回答 □

28.当别人惹了我时，我觉得只要有机会就应报复，这是理所当然的。
　　是 □　　否 □　　无法回答 □

29.我有胃酸过多的毛病，一星期要犯好几次，使我苦恼。
　　是 □　　否 □　　无法回答 □

30.有时我真想骂人。　是 □　　否 □　　无法回答 □

31.每隔几个晚上我就会做噩梦。　是 □　　否 □　　无法回答 □

32.我发现我很难把注意力集中到一件工作上。
　　是 □　　否 □　　无法回答 □

33.我曾经有过很特别，很奇怪的体验。是 □　　否 □　　无法回答 □

34.我时常咳嗽。　　是 □　　否 □　　无法回答 □

35.假如不是有人和我作对，我一定会有更大的成就。
　　是 □　　否 □　　无法回答 □

36.我很少担心自己的健康。　　是 □　　否 □　　无法回答 □

37.我从来没有为了我的性方面的行为出过事。
　　是 □　　否 □　　无法回答 □

38.我小的时候，有一段时间我干过小偷小摸的事。
　　是 □　　否 □　　无法回答 □

39.有时我真想摔东西。　　是 □　　否 □　　无法回答 □

40.有很多时候宁愿坐着空想，而不愿做任何事情。
　　是 □　　否 □　　无法回答 □

41.我曾经一连几天、几个星期、几个月什么也不想干，因为我总是
　　提不起精神。　　是 □　　否 □　　无法回答 □

42.我家里人对我已选择的工作（或将要选择的职业）不满意。
　　是 □　　否 □　　无法回答 □

43.我睡的不安稳，容易被惊醒。　　是 □　　否 □　　无法回答 □

44.我觉得我的头到处都疼。　　是 □　　否 □　　无法回答 □

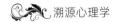

45.有时我也讲假话。　　　　　　是 □　　否 □　　无法回答 □

46.我的判断力比以往任何时候都好。是 □　　否 □　　无法回答 □

47.每星期至少一两次，我突然觉得无缘无故地全身发热。
　　　　是 □　　否 □　　无法回答 □

48.当我与人相处的时候听到别人谈论稀奇古怪的事，我就心烦。
　　　　是 □　　否 □　　无法回答 □

49.最好是把所有的法律全都不要。　是 □　　否 □　　无法回答 □

50.有时我觉得我的灵魂离开了我的身体。是 □　否 □　无法回答 □

51.我的身体和我大多数朋友一样的健康。是 □　否 □　无法回答 □

52.遇到同学或不常见的朋友，除非他们先打招呼，不然我就装作没看见。　　　是 □　　否 □　　无法回答 □

53.一位牧师（和尚、道士、神父、阿訇等教士）能用祈祷和把手放在病人头上来治病。　　　是 □　　否 □　　无法回答 □

54.认识我的人差不多都喜欢我。　是 □　　否 □　　无法回答 □

55.我从来没有因为胸部痛和心痛而感到苦恼。
　　　　是 □　　否 □　　无法回答 □

56.我小时候，曾经因为胡闹而受过学校的处分。
　　　　是 □　　否 □　　无法回答 □

57.我和别人一见面就熟了（自来熟）。　是 □ 否 □ 无法回答 □

58.一切事情都由老天爷安排好了。　　是 □ 否 □ 无法回答 □

59.我时常得听从某些人的指挥，其实他们还不如我高明。
是 □　　否 □　　无法回答 □

60.我不是每天都看报纸上的每一篇社论。是 □ 否 □ 无法回答 □

61.我从未有过正常的生活。　　　是 □ 否 □ 无法回答 □

62.我身体某些部分常有像火烧、刺痛、虫爬、麻木的感觉。
是 □　　否 □　　无法回答 □

63.我的大便正常，不难控制。　是 □　否 □　无法回答 □

64.有时我会不停地做一件事，直到别人不耐烦为止。
是 □　　否 □　　无法回答 □

65.我爱我的父亲。　　是 □　　否 □　　无法回答 □

66.我能在我周围看到其他人所看不到的东西、动物和人。
是 □　　否 □　　无法回答 □

67.我希望我能像别人那样快乐。　是 □　否 □　　无法回答 □

68.我从未感到脖子（颈）后疼痛。　是 □　否 □　　无法回答 □

69.和我性别相同的人对我有强烈的吸引力。
是 □　　否 □　　无法回答 □

70.我过去经常喜欢玩"丢手帕"的游戏。是□ 否□ 无法回答□

71.我觉得许多人喜欢夸大自己的不幸，以便得到别人的同情和帮助。
是 □　　否 □　　无法回答 □

72.我为每隔几天或经常感到心口（胃）不舒服而烦恼。
　　是 □　　否 □　　　无法回答 □

73.我是个重要人物。　　是 □　　否 □　　　无法回答 □

74.男性：我总希望我是个女的。女性：我从个因为我是女的而遗憾。
　　是 □　　否 □　　　无法回答 □

75.我有时发怒。　　是 □　　否 □　　　无法回答 □

76.我时常感到悲观失望。　　是 □　　否 □　　　无法回答 □

77.我喜欢看爱情小说。　　是 □　　否 □　　　无法回答 □

78.我喜欢诗。　　是 □　　否 □　　　无法回答 □

79.我的感情不容易受伤害。　　是 □　　否 □　　　无法回答 □

80.我有时捉弄动物。　　是 □　　否 □　　　无法回答 □

81.我想我会喜欢干森林管理员那一类的工作。
　　是 □　　否 □　　　无法回答 □

82.和别人争辩的时候，我常争不过别人。是 □　否 □　无法回答 □

83.任何人只要他有能力，而且愿意努力工作是能成功的。
　　是 □　　否 □　　　无法回答 □

84.近来，我觉得很容易放弃对某些事物的希望。
　　是 □　　否 □　　　无法回答 □

85.有时我被别人的东西，如鞋、手套等等所强烈吸引，虽然这些东西对我毫无用处，但我总想摸摸它或把它偷来。
　　是 □　　否 □　　无法回答 □

86.我确实缺少自信心。　是 □　　否 □　　无法回答 □

87.我愿意做一名花匠。　是 □　　否 □　　无法回答 □

88.我总觉得人生是有价值的。　是 □　　否 □　　无法回答 □

89.要使大多数人相信事实的真相，是要经过一番辩论的。
　　是 □　　否 □　　无法回答 □

90.有时我将今天应该做的事拖到明天去做。
　　是 □　　否 □　　无法回答 □

91.我不在乎别人拿我开玩笑。　是 □　　否 □　　无法回答 □

92.我想当个护士。　是 □　　否 □　　无法回答 □

93.我觉得大多数人是为了向上爬而不惜说谎的。
　　是 □　　否 □　　无法回答 □

94.许多事情，我做过以后就后悔了。是 □　　否 □　　无法回答 □

95.我几乎每星期都去教堂（或常去寺庙）。
　　是 □　　否 □　　无法回答 □

96.我几乎没有和家人吵过嘴。　是 □　　否 □　　无法回答 □

97.有时我有一种强烈的冲动，去做一些惊人或有害的事。
　　是 □　　否 □　　无法回答 □

98.我相信善有善报，恶有恶报。　是 □　　否 □　　无法回答 □

99.我喜欢参加热闹的聚会。　是 □　　否 □　　无法回答 □

100.碰到一些千头万绪的问题，使我感到犹豫不决。
　　是 □　　否 □　　　无法回答 □

101.我认为女的在性生活方面，应该和男的有同等的自由。
　　是 □　　否 □　　　无法回答 □

102.我认为最难控制的是我自己。　是 □　　否 □　　无法回答 □

103.我很少有肌肉抽筋或颤抖的毛病。是 □　　否 □　　无法回答 □

104.我似乎对什么事情都不在乎。　是 □　　否 □　　无法回答 □

105.我身体不舒服的时候，我有时发脾气。
　　是 □　　否 □　　　无法回答 □

106.我总觉得我自己好像做错了什么事或犯了什么罪。
　　是 □　　否 □　　　无法回答 □

107.我经常是快乐的。　是 □　　否 □　　无法回答 □

108.我时常觉得头胀鼻塞似的。　是 □　　否 □　　无法回答 □

109.有些人太霸道，即使我明知他们是对的，也要和他们对着干。
　　是 □　　否 □　　　无法回答 □

110.有人想害我。　是 □　　否 □　　无法回答 □

111.我从来没有为寻求刺激而去做危险的事。
　　是 □　　否 □　　无法回答 □

112.我时常认为必须坚持那些我认为正确的事。
　　是 □　　否 □　　无法回答 □

113.我相信法制。　是 □　　否 □　　无法回答 □

114.我常觉得头上好像有一根绷得紧紧的带子。
　　是 □　　否 □　　无法回答 □

115.我相信人死后还会有"来世"。　是 □　　否 □　　无法回答 □

116.我更喜欢我下了赌的比赛和游戏。　是 □　　否 □　　无法回答 □

117.大部分人之所以是诚实的，主要是因为怕被别人识破。
　　是 □　　否 □　　无法回答 □

118.我在上学的时候，有时因胡闹而被领导叫去。
　　是 □　　否 □　　无法回答 □

119.我说话总是那样不快也不慢，不含糊也不嘶哑。
　　是 □　　否 □　　无法回答 □

120.我在外边和朋友们一起吃饭的时候，比在家规矩得多。
　　是 □　　否 □　　无法回答 □

121.我相信有人暗算我。　是 □　　否 □　　无法回答 □

122.我似乎和我周围的人一样精明能干。是 □　否 □　无法回答 □

123.我相信有人跟踪我。　是 □　　否 □　　无法回答 □

124.大多数人不惜用不正当的手段谋取利益，而不愿失掉机会。
　　是 □　　否 □　　无法回答 □

125.我的胃有很多毛病。　是 □　　否 □　　无法回答 □

126.我喜欢戏剧。　是 □　　否 □　　无法回答 □

127.我知道我的烦恼是谁造成的。　是 □　　否 □　　无法回答 □

128.看到血的时候，我既不怕也不难受。是 □ 否 □ 无法回答 □

129.我自己时常弄不清为什么会这样爱生气和发牢骚。
　　是 □　　否 □　　无法回答 □

130.我从来没有吐过血，或咯过血。　是 □　　否 □　　无法回答 □

131.我不为得病而担心。　是 □　　否 □　　无法回答 □

132.我喜欢栽花或采集花草。　是 □　　否 □　　无法回答 □

133.我从来没有放纵自己发生过任何不正常的性行为。
　　是 □　　否 □　　无法回答 □

134.有时我的思想跑得太快都来不及表达出来。
　　是 □　　否 □　　无法回答 □

135.假如我能不买票看电影，而且不会被人发觉，我可能会去做的。
　　是 □　　否 □　　无法回答 □

136.如果别人待我好，我常常怀疑他们别有用心。
　　是 □　　否 □　　无法回答 □

137.我相信我的家庭生活，和我所认识的许多人一样幸福快乐。
是 □　　否 □　　无法回答 □

138.批评和责骂都使我非常伤心。　是 □　　否 □　　无法回答 □

139.有时我仿佛觉得我必须伤害自己或别人。
是 □　　否 □　　无法回答 □

140.我喜欢做饭烧菜。　是 □　　否 □　　无法回答 □

141.我的行为多半受我周围人的习惯所支配。
是 □　　否 □　　无法回答 □

142.有时我觉得我真是毫无用处。　是 □　　否 □　　无法回答 □

143.小时候我曾加入过一团伙，有福同享，有祸同当。
是 □　　否 □　　无法回答 □

144.我喜欢当兵。　是 □　　否 □　　无法回答 □

145.有时我想借故和别人打架。　是 □　　否 □　　无法回答 □

146.我喜欢到处乱逛，如果不行，我就不高兴。
是 □　　否 □　　无法回答 □

147.由于我经常不能当机立断，因而失去许多良机。
是 □　　否 □　　无法回答 □

148.当我正在做一件重要事情的时候，如果有人向我请教或打扰
我，我会不耐烦的。　　是 □　　否 □　　无法回答 □

149.我以前写过日记。　　是 □　　否 □　　无法回答 □

150.做游戏的时候，我只愿赢而不愿输。 是 □　否 □　无法回答 □

151.有人一直想毒死我。　是 □　　否 □　　无法回答 □

152.大多数晚上我睡觉时，不受什么思想干扰。
　　是 □　否 □　　无法回答 □

153.近几年来大部分时间，我的身体都很好。
　　是 □　否 □　　无法回答 □

154.我从来没有过抽风的毛病。　是 □　　否 □　　无法回答 □

155.现在我的体重既没有增加也没有减轻。
　　是 □　否 □　　无法回答 □

156.有一段时间，我自己做过的事情全不记得了。
　　是 □　否 □　　无法回答 □

157.我觉得我时常无缘无故地受到惩罚。是 □　否 □　无法回答 □

158.我容易哭。　是 □　　否 □　　无法回答 □

159.我不能像从前那样理解我所读的东西了。
　　是 □　否 □　　无法回答 □

160.在我一生中，我从来没有感觉到像现在这么好。
　　是 □　否 □　　无法回答 □

161.有时候我觉得我的头一碰就疼。　是 □　否 □　　无法回答 □

162.我痛恨别人以不正当的手段捉弄我，使我不得不认输。
　　是 □　否 □　　无法回答 □

163.我不容易疲倦。　是 □　否 □　无法回答 □

164.我喜欢研究和阅读与我目前工作有关的东西。
　　是 □　否 □　无法回答 □

165.我喜欢结识一些重要人物，这样会使我感到自己也很重要。
　　是 □　否 □　无法回答 □

166.我很害怕从高处往下看。　是 □　否 □　无法回答 □

167.即使我家里有人犯法，我也不会紧张。
　　是 □　否 □　无法回答 □

168.我的脑子有点毛病。　是 □　否 □　无法回答 □

169.我不怕管钱。　是 □　否 □　无法回答 □

170.我不在乎别人对我有什么看法。是 □　否 □　无法回答 □

171.在聚会当中，尽管有人出尽风头，如果让我也这样做，我会感
　　到不舒服。　是 □　否 □　无法回答 □

172.我时常需要努力使自己不显出怕羞的样子。
　　是 □　否 □　无法回答 □

173.我过去喜欢上学。　是 □　否 □　无法回答 □

174.我从来没有昏倒过。　是 □　否 □　无法回答 □

175.我很少头昏眼花。　是 □　否 □　无法回答 □

176.我不怕大蛇。　是 □　否 □　无法回答 □

177.我母亲是个好人。　是 □　否 □　无法回答 □

178.我的记忆力似乎还不错。　是 □　否 □　无法回答 □

179.有关性方面的问题，使我烦恼。是 □　否 □　无法回答 □

180.我觉得我遇到生人的时候就不知道说什么好了。
　是 □　否 □　无法回答 □

181.无聊的时候，我就会惹事寻求开心。是 □ 否 □ 无法回答 □

182.我怕自己会发疯。　是 □　否 □　无法回答 □

183.我反对把钱给乞丐。　是 □　否 □　无法回答 □

184.我时常听到说话的声音，但却不知道它从哪里来的。
　是 □　否 □　无法回答 □

185.我的听觉显然和大多数人一样好。是 □　否 □　无法回答 □

186.当我要做一件事的时候，我常发现我的手在发抖。
　是 □　否 □　无法回答 □

187.我的双手并没有变得笨拙不灵。　是 □　否 □　无法回答 □

188.我能阅读好长的时间，而眼睛不觉得累。
　是 □　否 □　无法回答 □

189.许多时候，我觉得浑身无力。　是 □　否 □　无法回答 □

190.我很少头痛。　是 □　否 □　无法回答 □

191.有时，当我难为情的时候，会出很多的汗，这使我非常苦恼。
　　是 □　　否 □　　无法回答 □

192.我走路时保持平稳，并不困难。是 □　　否 □　　无法回答 □

193.我没哮喘这一类的病。　是 □　　否 □　　无法回答 □

194.我曾经有过几次突然不能控制自己的行动或言语，但当时我的
　　头脑还很清醒。　　是 □　　否 □　　无法回答 □

195.我所认识的人里不是个个我都喜欢。是 □ 否 □ 无法回答 □

196.我喜欢到我从来没有到过的地方去游览。
　　是 □　　否 □　　无法回答 □

197.有人一直想抢我的东西。　是 □　　否 □　　无法回答 □

198.我很少空想。　　是 □　　否 □　　无法回答 □

199.我们应该把有关"性"方面的主要知识告诉孩子。
　　是 □　　否 □　　无法回答 □

200.有人想窃取我的思想和计划。　是 □　　否 □　　无法回答 □

201.但愿我不像现在这样的害羞。　是 □　　否 □　　无法回答 □

202.我相信我是一个被谴责的人。　是 □　　否 □　　无法回答 □

203.假若我是新闻记者，我将喜欢报道戏剧界的新闻。
　　是 □　　否 □　　无法回答 □

204.我喜欢做一个新闻记者。　是 □　　否 □　　无法回答 □

205.有时我控制不住想要偷点东西。是 □　否 □　无法回答 □

206.我很信神，程度超过多数人。　是 □　否 □　无法回答 □

207.我喜欢许多不同种类的游戏和娱乐。是 □　否 □　无法回答 □

208.我喜欢和异性说笑。　是 □　否 □　无法回答 □

209.我相信我的罪恶是不可饶恕的。是 □　否 □　无法回答 □

210.每一种东西吃起来味道都一样。是 □　否 □　无法回答 □

211.我白天睡觉，晚上却睡不着。　是 □　否 □　无法回答 □

212.我家里的人把我当作小孩子，而我把我当作大人看。
　　　是 □　否 □　无法回答 □

213.走路时，我很小心地跨过人行道上的接缝。
　　　是 □　否 □　无法回答 □

214.我从来没有为皮肤上长东西而烦恼。是 □ 否 □ 无法回答 □

215.我曾经饮酒过度。　是 □　否 □　无法回答 □

216.和别人的家庭比较，我的家庭缺乏爱和温暖。
　　　是 □　否 □　无法回答 □

217.我时常感到自己在为某些事而担忧。是 □ 否 □ 无法回答 □

218.当看到动物受折磨的时候，我并不是特别难受。
　　　是 □　否 □　无法回答 □

219.我想我会喜欢建筑承包的工作。 是 □　　否 □　　无法回答 □

220.我爱我的母亲。　 是 □　　否 □　　无法回答 □

221.我喜欢科学。　 是 □　　否 □　　无法回答 □

222.即使我以后不能报答恩惠，我也愿向朋友求助。
　　 是 □　　否 □　　无法回答 □

223.我很喜欢打猎。　 是 □　　否 □　　无法回答 □

224.我父母经常反对那些和我交往的人。是 □　否 □　无法回答 □

225.有时我也会说说人家的闲话。　 是 □　　否 □　　无法回答 □

226.我家里有些人的习惯，使我非常讨厌。
　　 是 □　　否 □　　无法回答 □

227.人家告诉我，我在睡觉中起来走路（梦游）。
　　 是 □　　否 □　　无法回答 □

228.有时我觉得我非常容易地做出决定。是 □　否 □　无法回答 □

229.我喜欢同时参加几个团体。　 是 □　　否 □　　无法回答 □

230.我从来没有感到心慌气短。　 是 □　　否 □　　无法回答 □

231.我喜欢谈论两性方面的事。　 是 □　　否 □　　无法回答 □

232.我曾经立志要过一种以责任为重的生活，我一直照此谨慎从事。
　　 是 □　　否 □　　无法回答 □

233.我有时阻止别人做某些事，并不是因为那种事有多大影响，而在"道义"上我应该干预他。　是 □　否 □　无法回答 □

234.我很容易生气，但很快就平静下来。是 □　否 □　无法回答 □

235.我已独立自主，不受家庭的约束。　是 □　否 □　无法回答 □

236.我有很多心事。　是 □　否 □　无法回答 □

237.我的亲属几乎全都同情我。　是 □　否 □　无法回答 □

238.有时我十分烦躁，坐立不安。　是 □　否 □　无法回答 □

239.我曾经失恋过。　是 □　否 □　无法回答 □

240.我从来不为我的外貌而发愁。　是 □　否 □　无法回答 □

241.我常梦到一些不可告人的事。　是 □　否 □　无法回答 □

242.我相信我并不比别人更为神经过敏。是 □　否 □　无法回答 □

243.我几乎没有什么地方疼痛。　是 □　否 □　无法回答 □

244.我的做事方法容易被别人误解。　是 □　否 □　无法回答 □

245.我的父母和家里人对我过去挑剔。是 □　否 □　无法回答 □

246.我脖子（颈）上时常出现红斑。　是 □　否 □　无法回答 □

247.我有理由嫉妒我家里的某些人。　是 □　否 □　无法回答 □

248.我有时无缘无故地，甚至在不顺利的时候也会觉得非常快乐。
　　是 □　　否 □　　无法回答 □

249.我相信阴间有魔鬼和地狱。　是 □　　否 □　　无法回答 □

250.有人想把世界上所能得到的东西都能夺到手，我决不责怪他。
　　是 □　　否 □　　无法回答 □

251.我曾经发呆（发愣）停止活动，不知道周围发生了什么事情。
　　是 □　　否 □　　无法回答 □

252.谁也不关心谁的遭遇。　是 □　　否 □　　无法回答 □

253.有些人所做的事，虽然我认为是错的，但我仍然能够友好地对
　　待他们。　　是 □　　否 □　　无法回答 □

254.我喜欢和一些能互相开玩笑的人在一起。
　　是 □　　否 □　　无法回答 □

255.在选举的时候，有时我会选出我不熟悉的人。
　　是 □　　否 □　　无法回答 □

256.报纸上只有"漫画"最有趣。　是 □　否 □　无法回答 □

257.凡是我所做的事，我都指望能够成功。
　　是 □　　否 □　　无法回答 □

258.我相信有神。　是 □　　否 □　　无法回答 □

259.做什么事情，我都感到难以开头。　是 □　否 □　无法回答 □

260.在学校里，我是个笨学生。　是 □　否 □　无法回答 □

261.如果我是个画家，我喜欢画花。　是 □　否 □　无法回答 □

262.我虽然相貌不好看，也不因此而苦恼。
　　是 □　　否 □　　无法回答 □

263.即使在冷天我也很容易出汗。　是 □　　否 □　　无法回答 □

264.我十分自信。　是 □　否 □　无法回答 □

265.对任何人都不信任，是比较安全的。
　　是 □　　否 □　　无法回答 □

266.每星期至少有一两次我十分兴奋。　是 □　否 □　无法回答 □

267.人多的时候，我不知道说些什么话好。
　　是 □　　否 □　　无法回答 □

268.在我心情不好的时候，总会有一些事使我高兴起来。
　　是 □　　否 □　　无法回答 □

269.我能很容易使人怕我，有时我故意这样做来寻开心。
　　是 □　　否 □　　无法回答 □

270.我离家外出的时候，我从来不担心家里门窗是否关好锁好了。
　　是 □　　否 □　　无法回答 □

271.我不责怪一个欺负了自找没趣的人。是 □　否 □　无法回答 □

272.我有时精力充沛。　　是 □　　否 □　　无法回答 □

273.我的皮肤上有一两处麻木了。　是 □　　否 □　　无法回答 □

274.我的视力和往年一样好。　　是 □　　否 □　　无法回答 □

275.有人控制着我的思想。　　是 □　　否 □　　无法回答 □

276.我喜欢小孩子。　　是 □　　否 □　　无法回答 □

277.有时我非常欣赏骗子的机智，我甚至希望他能侥幸混过去。
　　是 □　　否 □　　无法回答 □

278.我时常觉得有些陌生人用挑剔的眼光盯着我。
　　是 □　　否 □　　无法回答 □

279.我每天喝特别多的水。　　是 □　　否 □　　无法回答 □

280.大多数人交朋友对他们有用。　　是 □　　否 □　　无法回答 □

281.我很少注意我的耳鸣。　　是 □　　否 □　　无法回答 □

282.通常我爱家里人，偶尔也恨他们。是 □　　否 □　　无法回答 □

283.假使我是一个新闻记者，我将很愿意报道体育新闻。
　　是 □　　否 □　　无法回答 □

284.我确信别人正在议论我。　　是 □　　否 □　　无法回答 □

285.偶尔我听了下流的笑话也会发笑。是 □　　否 □　　无法回答 □

286.我独自一个人的时候，感到更快乐。是 □　否 □　无法回答 □

287.使我害怕的事比我的朋友们少得多。是 □　否 □　无法回答 □

288.恶心呕吐的毛病使我苦恼。　　是 □　　否 □　　无法回答 □

289.当一个罪犯可以通过能言善辩的律师开脱罪责时，我对法律感到厌倦。　是 □　否 □　无法回答 □

290.我总是在很紧张的情况下工作的。是 □　否 □　无法回答 □

291.在我这一生中，至少有一两次我觉得有人用催眠术指使我做了一些事。　是 □　否 □　无法回答 □

292.我不愿意同人讲话，除非他先开口。是 □　否 □　无法回答 □

293.有人一直想影响我的思想。　是 □　否 □　无法回答 □

294.我从来没有犯过法。　是 □　否 □　无法回答 □

295.我喜欢看《红楼梦》这一类的小说。是 □　否 □　无法回答 □

296.有些时候，我会无缘无故地觉得非常愉快。
　　是 □　否 □　无法回答 □

297.我希望我不再受那种和性方面有关的念头所困扰。
　　是 □　否 □　无法回答 □

298.假若有几个人闯了祸，他们最好先编一套假话，而且不改口。
　　是 □　否 □　无法回答 □

299.我认为我比大多数人更重感情。　是 □　否 □　无法回答 □

300.在我的一生当中，从来没有喜欢过洋娃娃。
　　是 □　否 □　无法回答 □

301.许多时候，生活对我来说是一件吃力的事。
　　是 □　否 □　无法回答 □

302.我从来没有为了我的性方面的行为出过事。
　　是 □　　否 □　　无法回答 □

303.对于某些事情我很敏感，以至我不能提起。
　　是 □　　否 □　　无法回答 □

304.在学校里，要我在班上发言，是非常困难的。
　　是 □　　否 □　　无法回答 □

305.即使和人们在一起，我还是经常感到孤单。
　　是 □　　否 □　　无法回答 □

306.应得的同情，我全得到了。　　是 □　　否 □　　无法回答 □

307.我拒绝玩那些我玩得不好的游戏。是 □　否 □　无法回答 □

308.有时我非常想离开家。　　是 □　　否 □　　无法回答 □

309.我交朋友差不多和别人一样地容易。是 □ 否 □ 无法回答 □

310.我的性生活是满意的。　　是 □　　否 □　　无法回答 □

311.我小的时候，有一段时间我干过小偷小摸的事。
　　是 □　　否 □　　无法回答 □

312.我不喜欢有人在我身旁。　　是 □　　否 □　　无法回答 □

313.有人不将自己的贵重物品保管好因而引起别人偷窃，这种人和
　　小偷一样应受责备。　　是 □　　否 □　　无法回答 □

314.偶尔我会想到一些坏得说不出口的事。
　　是 □　　否 □　　无法回答 □

315.我深信生活对我是残酷的。　是 □　　否 □　　无法回答 □

316.我想差不多每个人，都会为了避免麻烦说点假话。
　　　是 □　　否 □　　无法回答 □

317.我比大多数人更敏感。　　是 □　　否 □　　无法回答 □

318.我的日常生活中，充满着使我感兴趣的事情。
　　　是 □　　否 □　　无法回答 □

319.大多数人，都是内心不愿意挺身而出去帮助别人的。
　　　是 □　　否 □　　无法回答 □

320.我的梦有好些是关于性方面的事。是 □　　否 □　　无法回答 □

321.我很容易感到不知所措。　是 □　　否 □　　无法回答 □

322.我为金钱和事业忧虑。　是 □　　否 □　　无法回答 □

323.我曾经有过很特别，很奇特的体验。是 □　　否 □　　无法回答 □

324.我从来没有爱上过任何人。　是 □　　否 □　　无法回答 □

325.我家里有些人所做的事，使我吃惊。是 □　否 □　无法回答 □

326.有时我会哭一阵、笑一阵，连自己也不能控制。
　　　是 □　　否 □　　无法回答 □

327.我的母亲或父亲时常要我服从他，甚至我认为是不合理的。
　　　是 □　　否 □　　无法回答 □

328.我发现我很难把注意力集中到一件工作上。
　　　是 □　　否 □　　无法回答 □

329.我几乎从不做梦。　　是 □　　否 □　　无法回答 □

330.我从来没有瘫痪过。　　是 □　　否 □　　无法回答 □

331.假如不是有人和我作对，我一定会有更大的成就。
　　　是 □　　否 □　　无法回答 □

332.即使我没有感冒，我有时也会不出声音或声音改变。
　　　是 □　　否 □　　无法回答 □

333.似乎没有人能了解我。　　是 □　　否 □　　无法回答 □

334.有时我会闻到奇怪的气味。　是 □　　否 □　　无法回答 □

335.我不能专心于一件事情上。　是 □　　否 □　　无法回答 □

336.我很容易对人感到不耐烦。　是 □　　否 □　　无法回答 □

337.我几乎整天都在为某件事或某个人而焦虑。
　　　是 □　　否 □　　无法回答 □

338.我所操心的事，远远超过了我所应该操心的。
　　　是 □　　否 □　　无法回答 □
339.大部分时间，我觉得我还是死了的好。
　　　是 □　　否 □　　无法回答 □

340.有时我会兴奋得难以入睡。　是 □　　否 □　　无法回答 □

341.有时我的听觉太灵敏了，反而使我感到烦恼。
　　　是 □　　否 □　　无法回答 □

342.别人对我所说的话，我立刻就忘记了。
　　是 □　　否 □　　无法回答 □

343.哪怕是琐碎的小事，我也再三考虑后才去做。
　　是 □　　否 □　　无法回答 □

344.有时为了避免和某些人相遇，我会绕道而行。
　　是 □　　否 □　　无法回答 □

345.我常常觉得好像一切都不是真的。　是 □ 否 □ 无法回答 □

346.我有一个习惯，喜欢点数一些不重要的东西，像路上的电线杆
　　等等。　　是 □　　否 □　　无法回答 □

347.我没有真正想伤害我的仇人。　是 □　　否 □　　无法回答 □

348.我提防那些对我过分亲近的人。是 □　　否 □　　无法回答 □

349.我有一些奇怪和特别的念头。　是 □　　否 □　　无法回答 □

350.在我独处的时候，我听到奇怪的声音。
　　是 □　　否 □　　无法回答 □

351.当我必须短期离家出门的时候，我会感到心神不定。
　　是 □　　否 □　　无法回答 □

352.我怕一些东西或人，虽然我明知他们是不会伤害我的。
　　是 □　　否 □　　无法回答 □

353.如果屋子里已经有人聚在一起谈话。这时要我一个人进去，我
　　是一点也不怕的。　　是 □　　否 □　　无法回答 □

354.我害怕使用刀子或任何尖利的东西。是 □ 否 □ 无法回答 □

355.有时我喜欢折磨我所爱的人。　是 □　否 □　无法回答 □

356.我似乎比别人更难于集中注意力。　是 □　否 □　无法回答 □

357.有好几次我放弃正在做的事，因为我感到自己的能力太差了。
　　　是 □　　否 □　　无法回答 □

358.我脑子里出现一些坏的常常是可怕的字眼，却又无法摆脱它们。
　　　是 □　　否 □　　无法回答 □

359.有时一些无关紧要的念头缠着我，使我好多天都感到不安。
　　　是 □　　否 □　　无法回答 □

360.几乎每天都有使我害怕的事情发生。是 □　否 □　无法回答 □

361.我总是将事情看得严重些。　是 □　否 □　无法回答 □

362.我比大多数人更敏感。　是 □　否 □　无法回答 □

363.有时我喜欢受到我心爱的人的折磨。是 □　否 □　无法回答 □

364.有人用侮辱性的和下流的话议论我。是 □　否 □　无法回答 □

365.我待在屋里总感到不安。　是 □　否 □　无法回答 □

366.即使和人们在一起，我仍经常感到孤单。
　　　是 □　　否 □　　无法回答 □

367.我并不特别害羞拘谨。　是 □　　否 □　　无法回答 □

368.有时我的头脑似乎比平时迟钝。　是 □　否 □　无法回答 □

369.在社交场合，我多半是一个人坐着，或者只跟另一个人坐在一起，而不到人群里去。　是 □　否 □　无法回答 □

370.人们常使我失望。　是 □　否 □　无法回答 □

371.我很喜欢参加舞会。　是 □　否 □　无法回答 □

372.有时我常感到困难重重，无法克服。是 □　否 □　无法回答 □

373.我常想："我要能再成为一个孩子就好了。"
　　是 □　否 □　无法回答 □

374.如果给我机会，我一定能做些对世界大有益处的事。
　　是 □　否 □　无法回答 □

375.我时常遇见一些所谓的专家，他们并不比我高明。
　　是 □　否 □　无法回答 □

376.当我听说我所熟悉的人成功了，我就觉得自己失败了。
　　是 □　否 □　无法回答 □

377.如果有机会，我一定能成为一个人民的好领袖。
　　是 □　否 □　无法回答 □

378.下流的故事使我感到不好意思。　是 □　否 □　无法回答 □

379.一般来说人们要求别人尊重他们的权利比较多，而他们却很少尊重别人的权利。　是 □　否 □　无法回答 □

380.我总想把好的故事记住，讲给别人听。
　　是 □　否 □　无法回答 □

381.我喜欢搞输赢不大的赌博。　是 □　　否 □　　无法回答 □

382.为了可以和人们在一起，我喜欢社交活动。
　　是 □　　否 □　　无法回答 □

383.我喜欢人多热闹的场合。　　是 □　　否 □　　无法回答 □

384.当我和一群活泼的朋友在一起的时候，我的烦恼就消失了。
　　是 □　　否 □　　无法回答 □

385.当人们说我的班组的闲话时，我从来不参与。
　　是 □　　否 □　　无法回答 □

386.只要我开始做一件事，就很难放下，哪怕是暂时的。
　　是 □　　否 □　　无法回答 □

387.我的大小便不困难，也不难控制。是 □　　否 □　　无法回答 □

388.我常发现别人嫉妒我的好主意，因为他们没能先想到。
　　是 □　　否 □　　无法回答 □

389.只要有可能，我就避开人群。　是 □　　否 □　　无法回答 □

390.我不怕见生人。　是 □　否 □　无法回答 □

391.记得我曾经为了不想做某件事而装过病。
　　是 □　　否 □　　无法回答 □

392.在火车和公共汽车上，我常跟陌生人交谈。
　　是 □　　否 □　　无法回答 □

393.当事情不顺利的时候，我就想立即放弃。
　　是 □　　否 □　　无法回答 □

394.我不愿意让人家知道我对于事物的态度。
　　是 □　　否 □　　无法回答 □

395.有些时间，我感到劲头十足，以至一连好几天都不需要睡觉。
　　是 □　　否 □　　无法回答 □

396.在人群中，如果叫我带头发言，或对我所熟悉的事情发表意见，我并不感到不好意思。　　是 □　　否 □　　无法回答 □

397.我喜欢聚会和社交活动。　　是 □　　否 □　　无法回答 □

398.面对困难或危险的时候，我总退缩不前。
　　是 □　　否 □　　无法回答 □

399.我原来想做的事，假如别人认为不值得做，我很容易放弃。
　　是 □　　否 □　　无法回答 □

计分：

　　本量表采用二级评分标准，以线性 T 分数的方式进行统计，按照中国标准，T 分在 40～60 分是正常范围；在 30 分以下或 70 分以上则是显著异常；在 30～40 分和 60～70 分之间是轻度异常。

　　明尼苏达多相人格测验（MMP1 — 399），必须在心理咨询师或精神科临床医师、心理医生等专业人士的指导下进行，不可个人随意测验。

第四节　症状自评量表（SCL-90）

症状自评量表（SCL-90）是世界上最著名的、当前使用最为广泛的心理健康测试量表之一，有90个项目，包含有较广泛的精神症状学内容，从感觉、感情、思维、意识、行为直至生活习惯、人际关系、饮食睡眠等，均有涉及。本量表适用于16岁以上的来访者，可以帮助溯源心理咨询师，从躯体化、强迫症状、人际关系敏感、抑郁、焦虑、敌对、恐怖、偏执、精神病性、其他十个方面来了解来访者的心理健康程度。

症状自评量表（SCL-90）

姓名：＿＿＿＿＿＿＿＿＿＿　日期：＿＿＿＿＿年＿＿月＿＿日

电话：＿＿＿＿＿＿＿＿＿＿

【指导语】以下列出了有些人可能会有的问题，请仔细地阅读每一条，然后根据最近一星期以内下述情况影响您的实际感觉，在每个问题后标明该题的程度得分（打√）。其中，"没有"选1，"很轻"选2，"中等"选3，"偏重"选4，"严重"选5。

1. 头痛。

　　选择　　1(　　)　2(　　)　3(　　)　4(　　)　5(　　)

2. 神经过敏，心中不踏实。

　　选择　　1(　　)　2(　　)　3(　　)　4(　　)　5(　　)

3. 头脑中有不必要的想法或字句盘旋。

     选择   1(   ) 2(   ) 3(   ) 4(   ) 5(   )

4. 头昏或昏倒。

     选择   1(   ) 2(   ) 3(   ) 4(   ) 5(   )

5. 对异性的兴趣减退。

     选择   1(   ) 2(   ) 3(   ) 4(   ) 5(   )

6. 对旁人责备求全。

     选择   1(   ) 2(   ) 3(   ) 4(   ) 5(   )

7. 感到别人能控制您的思想。

     选择   1(   ) 2(   ) 3(   ) 4(   ) 5(   )

8. 责怪别人制造麻烦。

     选择   1(   ) 2(   ) 3(   ) 4(   ) 5(   )

9. 忘记性大。

     选择   1(   ) 2(   ) 3(   ) 4(   ) 5(   )

10. 担心自己的衣饰整齐及仪态的端正。

     选择   1(   ) 2(   ) 3(   ) 4(   ) 5(   )

11. 容易烦恼和激动。

     选择   1(   ) 2(   ) 3(   ) 4(   ) 5(   )

12. 胸痛。

     选择   1(   ) 2(   ) 3(   ) 4(   ) 5(   )

13. 害怕空旷的场所或街道。

     选择   1(   ) 2(   ) 3(   ) 4(   ) 5(   )

14. 感到自己的精力下降，活动减慢。

     选择   1(   ) 2(   ) 3(   ) 4(   ) 5(   )

15. 想结束自己的生命。

     选择   1(   ) 2(   ) 3(   ) 4(   ) 5(   )

16. 听到旁人听不到的声音。

     选择   1(   ) 2(   ) 3(   ) 4(   ) 5(   )

17. 发抖。

     选择   1(   ) 2(   ) 3(   ) 4(   ) 5(   )

18. 感到大多数人都不可信任。

     选择   1(   ) 2(   ) 3(   ) 4(   ) 5(   )

19. 胃口不好。

     选择   1(   ) 2(   ) 3(   ) 4(   ) 5(   )

20. 容易哭泣。

     选择   1(   ) 2(   ) 3(   ) 4(   ) 5(   )

21. 同异性相处时感到害羞不自在。

     选择   1(   ) 2(   ) 3(   ) 4(   ) 5(   )

22. 感到受骗，中了圈套或有人想抓住您。

     选择   1(   ) 2(   ) 3(   ) 4(   ) 5(   )

23. 无缘无故地突然感到害怕。

     选择   1(   ) 2(   ) 3(   ) 4(   ) 5(   )

24. 自己不能控制地大发脾气。

     选择   1(   ) 2(   ) 3(   ) 4(   ) 5(   )

25. 怕单独出门。

　　　选择　　1(　　)　　2(　　)　　3(　　)　　4(　　)　　5(　　)

26. 经常责怪自己。

　　　选择　　1(　　)　　2(　　)　　3(　　)　　4(　　)　　5(　　)

27. 腰痛。

　　　选择　　1(　　)　　2(　　)　　3(　　)　　4(　　)　　5(　　)

28. 感到难以完成任务。

　　　选择　　1(　　)　　2(　　)　　3(　　)　　4(　　)　　5(　　)

29. 感到孤独。

　　　选择　　1(　　)　　2(　　)　　3(　　)　　4(　　)　　5(　　)

30. 感到苦闷。

　　　选择　　1(　　)　　2(　　)　　3(　　)　　4(　　)　　5(　　)

31. 过分担忧。

　　　选择　　1(　　)　　2(　　)　　3(　　)　　4(　　)　　5(　　)

32. 对事物不感兴趣。

　　　选择　　1(　　)　　2(　　)　　3(　　)　　4(　　)　　5(　　)

33. 感到害怕。

　　　选择　　1(　　)　　2(　　)　　3(　　)　　4(　　)　　5(　　)

34. 您的感情容易受到伤害。

　　　选择　　1(　　)　　2(　　)　　3(　　)　　4(　　)　　5(　　)

35. 旁人能知道您的私下想法。

　　　选择　　1(　　)　　2(　　)　　3(　　)　　4(　　)　　5(　　)

36. 感到别人不理解您、不同情您。

　　　选择　　1(　　) 2(　　) 3(　　) 4(　　) 5(　　)

37. 感到人们对您不友好，不喜欢您。

　　　选择　　1(　　) 2(　　) 3(　　) 4(　　) 5(　　)

38. 做事必须做得很慢以保证做得正确。

　　　选择　　1(　　) 2(　　) 3(　　) 4(　　) 5(　　)

39. 心跳得很厉害。

　　　选择　　1(　　) 2(　　) 3(　　) 4(　　) 5(　　)

40. 恶心或胃部不舒服。

　　　选择　　1(　　) 2(　　) 3(　　) 4(　　) 5(　　)

41. 感到比不上他人。

　　　选择　　1(　　) 2(　　) 3(　　) 4(　　) 5(　　)

42. 肌肉酸痛。

　　　选择　　1(　　) 2(　　) 3(　　) 4(　　) 5(　　)

43. 感到有人在监视您、谈论您。

　　　选择　　1(　　) 2(　　) 3(　　) 4(　　) 5(　　)

44. 难以入睡。

　　　选择　　1(　　) 2(　　) 3(　　) 4(　　) 5(　　)

45. 做事必须反复检查。

　　　选择　　1(　　) 2(　　) 3(　　) 4(　　) 5(　　)

46. 难以做出决定。

　　　选择　　1(　　) 2(　　) 3(　　) 4(　　) 5(　　)

47. 怕乘电车、公共汽车、地铁或火车。

    选择   1(   ) 2(   ) 3(   ) 4(   ) 5(   )

48. 呼吸有困难。

    选择   1(   ) 2(   ) 3(   ) 4(   ) 5(   )

49. 一阵阵发冷或发热。

    选择   1(   ) 2(   ) 3(   ) 4(   ) 5(   )

50. 因为感到害怕而避开某些东西、场合或活动。

    选择   1(   ) 2(   ) 3(   ) 4(   ) 5(   )

51. 脑子变空了。

    选择   1(   ) 2(   ) 3(   ) 4(   ) 5(   )

52. 身体发麻或刺痛。

    选择   1(   ) 2(   ) 3(   ) 4(   ) 5(   )

53. 喉咙有梗塞感。

    选择   1(   ) 2(   ) 3(   ) 4(   ) 5(   )

54. 感到前途没有希望。

    选择   1(   ) 2(   ) 3(   ) 4(   ) 5(   )

55. 不能集中注意。

    选择   1(   ) 2(   ) 3(   ) 4(   ) 5(   )

56. 感到身体的某一部分软弱无力。

    选择   1(   ) 2(   ) 3(   ) 4(   ) 5(   )

57. 感到紧张或容易紧张。

　　　选择　1(　　) 2(　　) 3(　　) 4(　　) 5(　　)

58. 感到手或脚发重。

　　　选择　1(　　) 2(　　) 3(　　) 4(　　) 5(　　)

59. 想到死亡的事。

　　　选择　1(　　) 2(　　) 3(　　) 4(　　) 5(　　)

60. 吃得太多。

　　　选择　1(　　) 2(　　) 3(　　) 4(　　) 5(　　)

61. 当别人看着您或谈论您时感到不自在。

　　　选择　1(　　) 2(　　) 3(　　) 4(　　) 5(　　)

62. 有一些不属于您自己的想法。

　　　选择　1(　　) 2(　　) 3(　　) 4(　　) 5(　　)

63. 有想打人或伤害他人的冲动。

　　　选择　1(　　) 2(　　) 3(　　) 4(　　) 5(　　)

64. 醒得太早。

　　　选择　1(　　) 2(　　) 3(　　) 4(　　) 5(　　)

65. 必须反复洗手、点数目或触摸某些东西。

　　　选择　1(　　) 2(　　) 3(　　) 4(　　) 5(　　)

66. 睡得不稳不深。

　　　选择　1(　　) 2(　　) 3(　　) 4(　　) 5(　　)

67. 有想摔坏或破坏东西的冲动。
　　　　选择　　1(　　)　2(　　)　3(　　)　4(　　)　5(　　)

68. 有一些别人没有的想法或念头。
　　　　选择　　1(　　)　2(　　)　3(　　)　4(　　)　5(　　)

69. 感到对别人神经过敏。
　　　　选择　　1(　　)　2(　　)　3(　　)　4(　　)　5(　　)

70. 在商店或电影院等人多的地方感到不自在。
　　　　选择　　1(　　)　2(　　)　3(　　)　4(　　)　5(　　)

71. 感到任何事情都很困难。
　　　　选择　　1(　　)　2(　　)　3(　　)　4(　　)　5(　　)

72. 一阵阵恐惧或惊恐。
　　　　选择　　1(　　)　2(　　)　3(　　)　4(　　)　5(　　)

73. 感到在公共场合吃东西很不舒服。
　　　　选择　　1(　　)　2(　　)　3(　　)　4(　　)　5(　　)

74. 经常与人争论。
　　　　选择　　1(　　)　2(　　)　3(　　)　4(　　)　5(　　)

75. 单独一个人时神经很紧张。
　　　　选择　　1(　　)　2(　　)　3(　　)　4(　　)　5(　　)

76. 别人对您的成绩没有做出恰当的评价。
　　　　选择　　1(　　)　2(　　)　3(　　)　4(　　)　5(　　)

77. 即使和别人在一起也感到孤单。

　　　　选择　　1(　　)　2(　　)　3(　　)　4(　　)　5(　　)

78. 感到坐立不安心神不定。

　　　　选择　　1(　　)　2(　　)　3(　　)　4(　　)　5(　　)

79. 感到自己没有什么价值。

　　　　选择　　1(　　)　2(　　)　3(　　)　4(　　)　5(　　)

80. 感到熟悉的东西变成陌生或不像是真的。

　　　　选择　　1(　　)　2(　　)　3(　　)　4(　　)　5(　　)

81. 大叫或摔东西。

　　　　选择　　1(　　)　2(　　)　3(　　)　4(　　)　5(　　)

82. 害怕会在公共场合昏倒。

　　　　选择　　1(　　)　2(　　)　3(　　)　4(　　)　5(　　)

83. 感到别人想占您的便宜。

　　　　选择　　1(　　)　2(　　)　3(　　)　4(　　)　5(　　)

84. 为一些有关性的想法而很苦恼。

　　　　选择　　1(　　)　2(　　)　3(　　)　4(　　)　5(　　)

85. 您认为应该因为自己的过错而受到惩罚。

　　　　选择　　1(　　)　2(　　)　3(　　)　4(　　)　5(　　)

86. 感到要很快把事情做完。

　　　　选择　　1(　　)　2(　　)　3(　　)　4(　　)　5(　　)

87. 感到自己的身体有严重问题。

　　选择　1(　　)　2(　　)　3(　　)　4(　　)　5(　　)

88. 从未感到和其他人很亲近。

　　选择　1(　　)　2(　　)　3(　　)　4(　　)　5(　　)

89. 感到自己有罪。

　　选择　1(　　)　2(　　)　3(　　)　4(　　)　5(　　)

90. 感到自己的脑子有毛病。

　　选择　1(　　)　2(　　)　3(　　)　4(　　)　5(　　)

计分：

本量表采取5级评分制，具体说明如下：

1.**没有**:自觉无该项症状（问题）。

2.**很轻**:自觉有该项症状，但对受检者并无实际影响，或影响轻微。

3.**中度**:自觉有该项症状，对受检者有一定影响。

4.**偏重**:自觉常有该项症状，对受检者有相当程度的影响。

5.**严重**:自觉该症状的频度和强度都十分严重，对受检者的影响严重。

　　这里所指的"影响"，包括症状所致的痛苦和烦恼，也包括症状造成的心理社会功能损害。"轻""中""重"的具体定义，则应由自评者自己去体会，不必做硬性规定。

　　本量表的分数统计指标主要分为两项，即总分和因子分。

　　1.　总分：90个项目指标单项分相加之和，能反映其病情严重程度。

　　总均分：总分/90，表示从总体情况看，该受检者的自我感觉位于 1～5 级间的哪一个分值程度上。

阳性指数：单项分 ≥ 2 的项目数，表示受检者在多少项目上呈现有"症状"。

阴性指数：单项分 =1 的项目数，表示受检者"无症状"的项目有多少。

阳性症状均分：（总分 – 阴性项目数）/ 阳性项目数，表示受检者在"有症状"项目中的平均得分。反映该受检者自我感觉不佳的项目，其严重程度究竟属于哪个范围。

2. 因子分：共包括 10 个因子，即所有 90 项目分为 10 大类。每一因子反映受检者某方面的情况，因而通过因子分可以了解受检者的症状分布特点，并可作轮廓分析。

各因子名称、所包含项目及简要解释

（1）躯体化（somatization）：包括 1、4、12、27、40、42、48、49、52、53、56 和 58，共 12 项。该因子主要反映主观的躯体不适感，包括心血管、胃肠道、呼吸等系统的主述不适，以及头痛、背痛、肌肉酸痛和焦虑的其他躯体表现。

（2）强迫症状（obsessive—compulsive）：包括 3、9、10、28、38、45、46、51、55 和 65，共 10 项。它与临床强迫症表现的症状、定义相同。主要指那种明知没有必要，但又无法摆脱的无意义的思想、冲动、行为表现；还有一些比较一般的感知障碍，如脑子"变空"了，"记忆力不好"等，也在这一因子中反映出来。

（3）人际关系敏感（interpersonal sensitivity）：包括 6、21、

34、36、37、41、61、69 和 73，共 9 项。它主要指某些个人不自在感和自卑感，尤其是在与他人相比较时更突出。自卑、懊丧，以及在人际关系中明显相处不好的人，往往是这一因子获高分的对象。

（4）抑郁（depression）：包括 5、14、15、20、22、26、29、30、31、32、54、71 和 79，共 13 项。它反映的是临床上抑郁症状群相联系的广泛概念。抑郁苦闷的感情和心情是代表性症状，还以对生活的兴趣减退、缺乏活动愿望、丧失活动能力等为特征，并包括失望、悲观、与抑郁相联系的其他感知及躯体方面的问题。该因子中有几个项目包括了死亡、自杀等概念。

（5）焦虑（anxiety）：包括 2、17、23、33、39、57、72、78、80 和 86，共 10 个项目。它包括一些通常在临床上明显与焦虑症状相联系的精神症状及体验，一般指那些无法静息、神经过敏、紧张以及由此而产生的躯体征象，那种游离不定的焦虑及惊恐发作是本因子的主要内容，还包括一个反映"解体"的项目。

（6）敌对（hostility）：包括 11、24、63、67、74 和 81，共 6 项。主要从思维、情感及行为三方面来反映受检者的敌对表现。其项目包括从厌烦、争论、摔物，直至斗争和不可抑制的冲动爆发等各个方面。

（7）恐怖（phobia anxiety）：包括 13、25、47、50、70、75 和 82，共 7 项。它与传统的恐怖状态或广场恐怖所反映的内容基本一致。引起恐怖的因素包括出门旅行、空旷场地、人群、公共场合及交通工具等。此外，还有反映社交恐怖的项目。

（8）偏执（paranoid ideation）：包括8、18、43、68、76和83，共6项。偏执是一个十分复杂的概念。本因子只是包括了一些基本内容，主要指思维方面，如投射性思维、敌对、猜疑、关系妄想、被动体验与夸大等。

（9）精神病性（psychoticism）：包括7、16、35、62、77、84、85、87、88和90，共10项。其中幻听、思维播散、被控制感、思维被插入等是反映精神分裂样症状的项目。

（10）其他：包括19、44、59、60、64、66及89共7个项目，主要反映催眠及饮食情况。

第五节　　贝克抑郁自评量表（BDI）

抑郁症是最常见的心理疾病之一，目前全世界范围内，饱受抑郁症困扰的人高达三亿四千万。贝克抑郁自评量表（BDI）是专门测评抑郁程度的，溯源心理咨询师可以借助此量表了解来访者的抑郁程度情况，为溯源心理咨询方案的制定提供有力参考。

贝克抑郁量表（BDI）

【指导语】这份问卷有21组陈述。仔细阅读每一组陈述，然后根据你近一周（包括今天）的感觉，从每一组选一条最适合您情况的项目，将旁边的数字圈起来。先把每组陈述全部看完，再选择圈哪

 溯源心理学

个项目。注：0~4分为无抑郁，5~7分为轻度，8~15分为中度，16分以上为重度。

一、 0. 我不感到悲伤。
1. 我感到悲伤。
2. 我始终悲伤，不能自制。
3. 我太悲伤或不愉快，不堪忍受。

二、 0. 我对将来并不失望。
1. 对未来我感到心灰意冷。
2. 我感到前景暗淡。
3. 我觉得将来毫无希望，无法改善。

三、 0. 我没有感到失败。
1. 我觉得比一般人失败要多一些。
2. 回首往事，我能看到的是很多次失败。
3. 我觉得我是一个完全失败的人。

四、 0. 我和以前一样，从各种事件中得到满足。
1. 我不像往常一样从各种事件中得到满足。
2. 我不再能从各种事件中得到真正的满足。
3. 我对一切事情都不满意或感到枯燥无味。

五、 0. 我不感到罪过。
1. 我在相当部分的时间里感到罪过。
2. 我在大部分时间里觉得有罪。
3. 我在任何时候都觉得有罪。

六、 0. 我没有觉得受到惩罚。

1. 我觉得可能受到惩罚。

2. 我预料将受到惩罚。

3. 我觉得正受到惩罚。

七、 0. 我对自己并不失望。

1. 我对自己感到失望。

2. 我对自己感到讨厌。

3. 我恨我自己。

八、 0. 我觉得我并不比其他人更不好。

1. 我对自己的弱点和错误要批判。

2. 我在所有的时间里都责备自己的过错。

3. 我责备自己所有的事情都弄坏了。

九、 0. 我没有任何想弄死自己的想法。

1. 我有自杀的想法，但我不会去做。

2. 我想自杀。

3. 如果有机会我就自杀。

十、 0. 我哭泣和往常一样。

1. 我比往常哭的多。

2. 我现在一直要哭。

3. 我过去能哭，但现在要哭也哭不出来。

十一、0. 和过去相比，我现在生气并不多。

1. 我现在比往常更容易生气发火。

2. 我觉得现在所有的时间都容易生气 。

3. 过去使我生气的事，现在一点也不能使我生气了。

十二、0. 我对其他人没有失去兴趣。

　　 1. 和过去相比，我对别人的兴趣减少了。

　　 2. 我对别人的兴趣大部分失去了。

　　 3. 我对别人的兴趣已全部丧失了。

十三、0. 我做决定和过去一样好。

　　 1. 我推迟作出决定比过去多了。

　　 2. 我做决定比以前困难大得多。

　　 3. 我再也不能作出决定了。

十四、0. 我觉得看上去我的外表并不比过去差。

　　 1. 我担心看上去我显得老了，没有吸引力了。

　　 2. 我觉得我的外貌有些固定 变化，使我难看了。

　　 3. 我相信我看起来很丑陋。

十五、0. 我工作和以前一样好。

　　 1. 要着手做事，我现在要额外花些力气。

　　 2. 无论做什么事我必须努力催促自己才行。

　　 3. 我什么工作也不能做了。

十六、0. 我睡觉与往常一样好。

　　 1. 我睡觉不如过去好。

　　 2. 我比往常早醒1~2小时，难以再入睡。

　　 3. 我比往常早醒几个小时，不能再睡。

十七、0. 我并不感到比往常更疲乏。

　　 1. 我比过去更容易感到疲乏。

　　 2. 几乎不管做什么，我都感到疲乏无力。

　　 3. 我太疲乏无力，不能做任何事情。

十八、0. 我的食欲与往常一样。

    1. 我的食欲不如过去好。

    2. 我现在的食欲差得多了。

    3. 我一点也没有食欲了。

十九、0. 最近我的体重并无很大减轻。

    1. 我的体重下降了5磅（约2.25kg）以上。

    2. 我的体重下降了10磅以上。

    3. 我的体重下降15磅以上。

二十、0. 我对最近的健康状况并不比往常更担心。

    1. 我担心身体上的问题，如疼痛、胃不适或便秘。

    2. 我非常担心身体问题，想别的事情很难。

    3. 我对身体问题如此担忧，以致不能想其他任何事情。

二十一、0. 我没有发现我对性的兴趣最近有什么变化。

    1. 我对性的兴趣比过去降低了。

    2. 现在我对性的兴趣有大下降。

    3. 我对性的兴趣已经完全丧失。

计分：

    全部 21 组都做完后，将各组的圈定分数相加，便得到总分。

    总分 10 分，你很健康、无抑郁；

    总分 10 分~15 分，你有轻度情绪不良，要注意调节；

    总分大于 15 分者，表明已有抑郁，要去看心理医生了；

    当大于 25 分时，说明抑郁已经比较严重了，必须看心理医生。

第六节　贝克焦虑量表（BAI）

　　贝克焦虑量表（BAI）是由美国 A.T. 贝克等人于 1985 年编制，适合于具有焦虑症状的成年人，主要是测量受试者主观感受到的焦虑程度。溯源心理咨询师，可以借助此量表，了解来访者的焦虑程度，为心理咨询方案的制定提供参考。

贝克焦虑量表（BAI）

【指导语】请您仔细阅读下列各项，指出在最近一周内（包括当天）被各种症状烦扰的程度，并在相应的括号中打上"√"符号。

无	轻度	中度	重度

1.麻木或刺痛。
　　1（　　）　　2（　　）　　3（　　）　　4（　　）

2.感到发热。
　　1（　　）　　2（　　）　　3（　　）　　4（　　）

3.腿部颤抖。
　　1（　　）　　2（　　）　　3（　　）　　4（　　）

| 无 | 轻度 | 中度 | 重度 |

4.不能放松。
　1(　　)　　　2(　　　)　　　3(　　　)　　　4(　　　)

5.害怕发生不好的事情。
　1(　　)　　　2(　　　)　　　3(　　　)　　　4(　　　)

6.头晕或目眩。
　1(　　)　　　2(　　　)　　　3(　　　)　　　4(　　　)

7.心悸或心率加快。
　1(　　)　　　2(　　　)　　　3(　　　)　　　4(　　　)

8.心神不定。
　1(　　)　　　2(　　　)　　　3(　　　)　　　4(　　　)

9.惊吓。
　1(　　)　　　2(　　　)　　　3(　　　)　　　4(　　　)

10.紧张。
　1(　　)　　　2(　　　)　　　3(　　　)　　　4(　　　)

11.窒息感。
　1(　　)　　　2(　　　)　　　3(　　　)　　　4(　　　)

	无	轻度	中度	重度

12.手发抖。
1(　　) 　　2(　　) 　　3(　　) 　　4(　　)

13.摇晃。
1(　　) 　　2(　　) 　　3(　　) 　　4(　　)

14.害怕失控。
1(　　) 　　2(　　) 　　3(　　) 　　4(　　)

15.呼吸困难。
1(　　) 　　2(　　) 　　3(　　) 　　4(　　)

16.害怕快要死去。
1(　　) 　　2(　　) 　　3(　　) 　　4(　　)

17.恐慌。
1(　　) 　　2(　　) 　　3(　　) 　　4(　　)

18.消化不良或腹部不适。
1(　　) 　　2(　　) 　　3(　　) 　　4(　　)

19.昏厥。
1(　　) 　　2(　　) 　　3(　　) 　　4(　　)

无	轻度	中度	重度

20.脸发红。

　　1(　　　)　　　　2(　　　)　　　　3(　　　)　　　　4(　　　)

21.出汗（不是因暑热冒汗）。

　　1(　　　)　　　　2(　　　)　　　　3(　　　)　　　　4(　　　)

计分：

　　此量表采用四级计分法，1 表示无焦虑症状，2 表示轻度，3 表示中度，4 表示中度。

　　计分法很简单，只要把 21 题的总分相加就行，然后按 Y=INT（1.96X）取整转换成标准分即可。X 表示总分的粗分，其效度有两种：一是取 60 名焦虑症患者和 80 名健康的人作 BAI（贝克焦虑量表）测查对测验总分进行 T 检验，发现焦虑症患者得分明显高于其他健康人群；二是对 60 名焦虑症患者用 BAI 和自我评定焦虑量表进行检验，两者相关为 0.828。

第七节　　伯恩斯抑郁量表（BDC）

　　伯恩斯抑郁量表（BDC）是由美国认知心理专家、斯坦福大学的戴维·伯恩斯（David Burns）博士设计出的一套用于抑郁症自我诊断的心理量表。溯源心理咨询师可以运用该量表了解来访者是否存在抑郁、抑郁的程度等情况。

伯恩斯抑郁量表（BDC）

姓名：＿＿＿＿＿＿＿＿ 日期：＿＿＿＿＿＿ 年＿＿＿ 月＿＿＿ 日

在过去数天内，根据下面各种情绪对你的困扰程度，在右侧相应栏打钩(√)				
	0无	1轻度	2中度	3重度
1. 悲伤：你觉得悲伤或泄气吗？				
2. 沮丧感：你觉得前途渺茫吗？				
3. 自我评价低：你觉得自己毫无价值吗？				
4. 自卑感：你觉得不自信或低人一等吗？				
5. 内疚感：经常对自己太苛刻或经常自责吗？				
6. 犹豫不决：难以作出决定吗？				
7. 易激怒：你容易生气或怨恨他人吗？				
8. 兴趣缺乏：你对工作、爱好、家庭或朋友不感兴趣吗？				
9. 动机缺乏：你做事有勉为其难的感觉吗？				
10. 自我感觉差：你觉得自己变老了或缺乏魅力了吗？				
11. 食欲改变：你是否食欲减退？是否暴饮暴食？				
12. 睡眠紊乱：睡眠质量差吗？你是否感到精疲力竭且睡眠过多？				
13. 沮丧感：你觉得前途渺茫吗？				
14. 自我评价低：你觉得自己毫无价值吗？				
15. 自卑感：你觉得不自信或低人一等吗？				

总分＿＿＿＿＿＿＿ 程度＿＿＿＿＿＿＿

　　0~4 轻度或没有抑郁；5~10 正常但不快乐；11~20 接近中等抑郁；21~30 中等抑郁；31~45 严重抑郁。

第八节　汉密尔顿焦虑量表（HAMA）

汉密尔顿焦虑量表（HAMA）由汉密尔顿（Hamilton）于1959年编制，包括14个项目，是焦虑症的重要诊断以及程度划分工具，溯源心理咨询师可以借助本量表了解来访者的焦虑程度。本量表适用于评定神经症及其他病人的焦虑症状的严重程度，但不大适宜于估计各种精神病时的焦虑状态，对焦虑症与抑郁症也不能很好地进行鉴别。

汉密尔顿焦虑郁量表（HAMA）

姓名：_____ 性别：_____ 年龄：_____ 编号：_____

		评　分				
焦虑心境	担心、担忧，感到有最坏的事情将要发生，容易激惹。	0	1	2	3	4
紧张	紧张感、易疲劳、不能放松，情绪反应，易哭、颤抖、感到不安。	0	1	2	3	4
害怕	害怕黑暗、陌生人、一人独处、动物、乘车或旅行及人多的场合。	0	1	2	3	4
失眠	难以入睡、易醒、睡得、多梦、梦魇、夜惊、醒后感疲倦。	0	1	2	3	4
认知功能	或称记忆、注意障碍。注意力不能集中，记忆力差。	0	1	2	3	4
抑郁心境	丧失兴趣、对以往爱好缺乏快感、忧郁、早醒、昼重夜轻。	0	1	2	3	4
肌肉系统症状	肌肉酸痛、活动不灵活、肌肉抽动、肢体抽动、牙齿打颤、声音发抖。	0	1	2	3	4
感觉系统症状	视物模糊、发冷发热、软弱无力感、浑身刺痛。	0	1	2	3	4

		评	分			
心血管系统症状	心动过速、心悸、胸痛、血管跳动感、昏倒感、心搏脱漏。	0	1	2	3	4
呼吸系统症状	胸闷、窒息感、叹息、呼吸困难。	0	1	2	3	4
胃肠道症状	吞咽困难、嗳气、消化不良（进食后腹痛、胃部烧灼痛、腹胀、恶心、胃部饱感）、肠鸣、腹泻、体重减轻、便秘。	0	1	2	3	4
生殖泌尿系统症状	尿意频数、尿急、停经、性冷淡、过早射精、勃起不能、阳痿。	0	1	2	3	4
植物神经系统症状	口干、潮红、苍白、易出汗、易起"鸡皮疙瘩"、紧张性头痛、毛发竖起。	0	1	2	3	4
会谈时行为表现	1. 一般表现：紧张、不能松弛、忐忑不安、咬手指、紧紧握拳、摸弄手帕、面肌抽动、不停顿足、手发抖、皱眉、表情僵硬、肌张力高、叹息样呼吸、面色苍白； 2. 生理表现：吞咽、打呃、安静时心率快、呼吸快（20次/分以上）、腱反射亢进、震颤、瞳孔放大、眼睑跳动、易出汗、眼球突出。	0	1	2	3	4
总分						

注：所有项目采用0-4分的5级评分法，各级的标准为："0"为无症状，"1"为轻，"2"为中等，"3"为重，"4"为极重。

【结果分析】总分超过29分，可能为严重焦虑；超过21分，肯定有明显焦虑；超过14分，肯定有焦虑；超过7分，可能有焦虑；如小于6分，病人就没有焦虑症状。一般划界分，HAMA 14项分界值为14分。

第九节　　汉密尔顿抑郁量表（HAMD）

汉密尔顿抑郁量表（HAMD）由汉密尔顿（Hamilton）于 1960 年编制，是临床上评定抑郁状态时应用最为普遍的量表。本量表为 24 项版本。此量表由经过培训的两名评定者对来访者进行 HAMD 联合检查，一般采用交谈与观察的方式，检查结束后，两名评定者分别独立评分；在心理咨询前后进行评分，可以评价症状的严重程度及心理咨询效果。

汉密尔顿抑郁量表（HAMD）

姓名：＿＿＿＿＿＿＿　性别：＿＿＿　年龄：＿＿＿＿　编号：＿＿＿

症　状		得　分
1.抑郁心境	（1）只在问到时才诉述；（2）在谈话中自发地表达；（3）不用言语也可以从表情、姿势、声音或欲哭中流露出这种表情；（4）病人的自发言语和非言语表达（表情、动作），几乎完全表达为这种情绪。	
2.有罪感	（1）责备自己，感到自己连累他人；（2）认为自己犯了罪，或反复思考以往的过失和错误；（3）认为目前的疾病是对自己错误的惩罚，或有罪恶妄想；（4）罪恶妄想伴有指责或威胁性幻觉。	

症　状		得　分
3.自杀	（1）觉得活着没有意思； （2）希望自己已经死去，或常想到与死有关的事；（3）消极观念（自杀观念）； （4）有严重自杀行为。	
4.入睡困难	（1）主诉有时有入睡困难，即上床后半小时仍不能入睡；（2）主诉每晚均入睡困难。	
5.睡眠不深	（1）睡眠浅多噩梦；（2）半夜（晚12点以前）曾醒来（不包括上厕所）。	
6.早醒	（1）有早醒，比平时早醒1小时，但能重新入睡；（2）早醒后无法重新入睡。	
7.工作和兴趣	（1）提问时才诉述； （2）自发地直接或间接表达对活动、工作或学习失去兴趣，如感到无精打采，犹豫不决，不能坚持或需强迫才能工作或活动； （3）病时劳动或娱乐不满3小时； （4）因目前的疾病而停止工作，住院者不参加任何活动或者没有他人帮助便不能完成病时日常事务。	
8.迟缓	（1）精神检查中发现轻度迟缓； （2）精神检查中发现明显迟缓； （3）精神检查困难； （4）完全不能回答问题（木僵）。	

症　状		得　分
9.激越	（1）检查时有些心神不定； （2）明显的心神不定或小动作多； （3）不能静坐，检查中曾起立； （4）搓手、咬手指、扯头发、咬嘴唇。	
10.精神性 焦虑	（1）问及时诉述；（2）自发地表达； （3）表情和言谈流露出明显的忧虑； （4）明显惊恐。	
11.躯体性 焦虑	（1）轻度；（2）中度，有肯定的躯体性焦虑症状；（3）重度，躯体性焦虑症状严重，影响生活或需加处理；（4）严重影响生活和活动。	
12.胃肠道 症状	（1）食欲减退，但不需他人鼓励便自行进食；（2）进食需他人催促或请求和需要应用泻药或助消化药。	
13.全身症状	（1）四肢、背部或颈部有沉重感，背痛、头痛、肌肉疼痛，全身乏力或疲倦； （2）症状明显。	
14.性症状	（1）轻度；（2）重度；（3）不能肯定，或该项对被评者不适合（不计入总分）。	
15.疑病	（1）对身体过分关注；（2）反复思考健康问题；（3）有疑病妄想；（4）伴幻觉的疑病妄想。	
16.体重减轻	（1）一周内体重减轻1斤以上； （2）一周内体重减轻二斤以上。	

 溯源心理学

症　状		得　分
17.自知力	（1）知道自己有病，表现为抑郁； （2）知道自己有病，但归于伙食太差、环境问题、工作太忙、病毒感染或需要休息等； （3）完全否认有病。	
18.日夜变化	如果症状在早晨或傍晚加重，先指出哪一种，然后按其变化程度评分。（1）轻度变化；（2）重度变化。	
19.人格解体或现实解体	（1）问及时才诉述；（2）自发诉述； （3）有虚无妄想； （4）伴幻觉的虚无妄想。	
20.偏执症状	（1）有猜疑；（2）有牵连观念；（3）有关系妄想或被害妄想；（4）伴有幻觉的关系妄想或被害妄想。	
21.强迫症状	（1）问及时才诉述； （2）自发诉述。	
22.能力减退感	（1）仅于提问时方引出主观体验；（2）病人主动表示有能力减退感；（3）需鼓励、指导和安慰才能完成病时日常事务或个人卫生；（4）穿衣、梳洗、进食、铺床或个人卫生均需要他人协助。	
23.绝望感	（1）有时怀疑"情况是否会好转"，但解释后能接受；（2）持续感到"没有希望"，但解释后能接受；（3）对未来感到灰心、悲观和绝望，解释后不能排除；（4）自动反复诉述"我的病不会好了"或诸如此类的情况。	

症　状		得　分
24.自卑感	（1）仅在询问时诉述有自卑感；（2）自动诉述有自卑感（我不如他人）；（3）病人主动诉述："我一无是处"或"低人一等"，与评2分者只是程度的差别；（4）自卑感达妄想的程度，例如"我是废物"或类似情况。	

评估标准：＜7分为正常；7~17分为轻度抑郁，患者表现为心境低落，精神萎靡，反应迟钝，言语缓慢，思维混乱，注意力难以集中，失眠或思卧；18~24分为中度抑郁，除上述症状加重外，常有兴趣丧失，精力明显减退，持续疲乏，活动明显减少，联想困难，自我评价过低，食欲减退，情绪不稳；＞24分为重度抑郁，除以上症状加重外，常有精神运动明显迟滞，过分自责或内疚感，可达妄想程度，体重明显下降，性欲全失，反复出现死亡或自杀念头。

第十节　　简明精神问题量表（BPRS）

简明精神问题量表（BPRS），是一个评定精神问题严重程度的量表，适用于具有精神病性症状的大多数重性精神病患者，尤其适宜于精神分裂症患者。此量表主要评定来访者最近一周内的精神症状及现场交谈情况，评定员必须由经过训练的精神科专业

人员担任。溯源心理咨询师可以通过本量表对来访者的精神问题严重程度进行专业评估，以便作出是否与心理医生或精神科临床医生合作会诊、转介个案等决策。

简明精神问题量表（BPRS）

计分：

来访者情况的分数：		姓名：		日期：		年	月	日
依据口头叙述	依据检测观察	1	2	3	4	5	6	7
		无	很轻	轻度	中度	偏重	重度	极重
1. 关心身体健康								
2. 焦虑								
	3. 感情交流障碍								
4. 概念紊乱								
5. 罪恶观念								
	6. 紧张								
	7. 装相和作态								
8. 夸大								
9. 心境抑郁								
10. 敌对性								

来访者情况的分数：	姓名：	日期：		年	月	日	
依据口头叙述	依据检测观察	1 无	2 很轻	3 轻度	4 中度	5 偏重	6 重度	7 极重
11. 猜疑								
12. 幻觉								
	13. 动作迟缓							
	14. 不合作							
15. 不寻常思维内容								
	16. 情感平淡							
	17. 兴奋							
18. 定向障碍								
X1. 自知力障碍								
X2. 工作或学习无能								
注：请客观真实地评价，不夸大、不缩小。								

　　由评定员圈出最适合来访者情况的分数。本量表无具体评分指导，主要根据症状定义及临床经验评分。

　　本量表的统计指标有：总分（18~126分）、单项分（0~7）、因子分（0~7）和廓图。总分反映精神问题严重性，总分越高，问题越重。单项症状的评分及其出现频率反映不同心理问题的症状分布。症状群的评分，反映疾病的特点，并可据此画出症状廓图。一般情况下，总分35分为临床界限，即大于35分的被试者被归为病

人组，需要接受专业心理医生或精神科临床医师的帮助。

本量表的结果可按单项、因子分和总分进行分析，以后两项的分析最为常用。

其因子分一般归纳为 5 类：

1．焦虑忧郁，包括 1、2、5、9 四项。

2．缺乏活力，包括 3、13、16、18 四项。

3．思维障碍，包括 4、8、12、15 四项。

4．激活性，包括 6、7、17 三项。

5．敌对性，包括 10、11、14 三项。

溯源心理咨询师，可以使用本量表在不同咨询阶段对来访者进行简明精神问题测试，一般心理咨询前测试一次，以后每隔 2~6 周评定一次，此举可以帮助溯源心理咨询师了解来访者精神问题的动态变化，从而为心理咨询方案的调整或改变提供依据。